经验

我们为什么会学到错误的经验以及如何纠正它们

[土耳其] 埃姆雷·索亚 Emre Soyer
[英] 罗宾·M.霍格斯 Robin M. Hogarth 著

THE MYTH OF EXPERIENCE

WHY WE LEARN THE WRONG LESSONS, AND WAYS TO CORRECT THEM

中国青年出版社 CHINA YOUTH PRESS
中青文传媒

图书在版编目(CIP)数据

经验 /（土）埃姆雷·索亚，（英）罗宾·M. 霍格斯著；彭相珍译.
—北京：中国青年出版社，2022.1
书名原文：The Myth of Experience: Why We Learn the Wrong Lessons, and Ways to Correct Them
ISBN 978-7-5153-6286-1
Ⅰ. ①经… Ⅱ. ①埃… ②罗… ③彭… Ⅲ. ①决策(心理学) – 研究 Ⅳ. ①B842.5
中国版本图书馆 CIP 数据核字（2021）第278487号

经验

作　　者：〔土〕埃姆雷·索亚　〔英〕罗宾·M. 霍格斯
译　　者：彭相珍
策划编辑：肖妩嫔
责任编辑：刘宇霜
文字编辑：侯雯洁
美术编辑：杜雨萃
出　　版：中国青年出版社
发　　行：北京中青文文化传媒有限公司
电　　话：010-65511270 / 65516873
公司网址：www.cyb.com.cn
购书网址：zqwts.tmall.com
印　　刷：大厂回族自治县益利印刷有限公司
版　　次：2022年1月第1版
印　　次：2022年1月第1次印刷
开　　本：880 × 1230　　1 / 32
字　　数：149千字
印　　张：7.25
京权图字：01-2020-5577
书　　号：ISBN 978-7-5153-6286-1
定　　价：59.90元

谨以本书纪念希尔利・艾因博恩

“如果历史重演，并且意外总是发生，
那么人类从经验中习得的是多么无能为力。”

——萧伯纳
《凡人与超人》
（*Man and Superman*）

目录

CONTENTS

INTRODUCTION

引言

经验是强大的老师——直到它变得不可靠

你是否盲目地信任自己的经验?

大多数人都会，因为这些个人经验塑造了我们的喜好，培育了我们的直觉，并引导我们进行关键的决策。经验是难能可贵的老师，我们从经验中学到的教训，或许会伴随我们终生。整体而言，我们的社会也颇为推崇和重视经验，具体表现在，为社会提供服务的医生、法官、政治家和经理人，都被要求具备丰富的经验，并且经验越丰富越好。

这挺好啊，会有什么问题呢?

不幸的是，过度或不假思索依赖经验行事，会导致令人痛苦的结果。事实上，盲目依赖经验行事，有时会导致糟糕的后果，甚至付出生命的代价。

在18世纪的最后两周里，美国开国之父乔治·华盛顿（George

Washington）病倒了。时年67岁的美国首任总统发烧了，他的喉咙严重发炎，已经开始导致呼吸不畅。他的助手立刻叫来3位私人医生。

3位医生很快就治疗方案达成了一致意见：放血。医生和华盛顿本人，立即督促这个当时非常流行的疗法的施行。放血疗法的精髓，在于反复多次的大剂量放血，并通常辅以泡浴、灌肠和催吐等操作。凭借最厉害的医疗团队和最好的医疗服务条件，华盛顿将放血疗法贯彻到极致，也是理所当然的事情。抱着快速治愈华盛顿的期望，他的医生团队，将放血治疗推到极限。报道称，在短短12小时内，华盛顿全身将近一半的血液被抽干，几个小时后，他就去世了。

虽然在医生赶到之前，华盛顿的病情就已经很严重了，以当时的医疗水平，或许已经无力回天，但由于盲目地使用放血疗法，华盛顿在最需要血液供给的时候，反而流失了大量的血液，这或许加速了他的死亡。此外，医生们出于善意而实施的放血疗法，可能反而导致华盛顿在离世之前，承受了更多不必要的痛苦折磨。

事实上，无数代人都进行过放血疗法的实践和临床操作。几千年来，放血疗法一直被视为可治愈百病的万能疗法。罗马学者塞尔苏斯（Celsus）在其撰写于1世纪的医学论文《医学》（*De Medicina*）中宣称："切开静脉放血，并不是什么新鲜的疗法，真正新奇的是，几乎没有哪种疾病，不能通过放血疗法治愈。"

在2世纪时，希腊医生盖伦（Galen of Pergamum）对放血疗法的狂热推崇和实践，最终深刻地影响了未来几个世纪的西方医学实践。最早发现血液循环系统的人之一，英国医生威廉·哈维（William

Harvey）在17世纪仍然坚持认为："日常的医学经验使我们确定，放血是治疗许多疾病最有益的方法，而且确实是所有常规补救手段中，最重要的一种。"由此，放血疗法一直盛行不衰。

总统华盛顿的同辈本杰明·拉什（Benjamin Rush）是一位德高望重的医生，也是《独立宣言》的联署人。他致力于改善社区的条件、反对奴隶制、倡导监狱改革、支持为所有人提供更好的教育。

1793年，费城猝不及防地暴发了大规模黄热病，在治疗病人的热切愿望的驱使下，拉什倡导并实行了密集的放血和净化疗法。因为他相信，极端的情况，需要极端的治疗方法。当他自己发烧时，他便指示医生给他大量放血。

他活了下来。"我用自己的身体证明了，"拉什在痊愈后的一封信中宣称，"如果我们敢于尝试新疗法，那么通过放血术来治疗黄热病，就像治疗普通感冒那样简单"。

几十年后的诗人拜伦，是一个放血术的怀疑论者。据报道，当他生病时，他对试图给他放血的医生说："因为你们这种愚蠢的疗法，死于手术刀下的人，比死于长矛的人多得多。"他的医生不同意这个观点。彼时身患多种疾病的拜伦，在医生反复施行多次放血术后，于几天后死亡。

虽然放血术在现代社会已经被证明是错误的，但为何长久以来，有如此多的普通人甚至是知识渊博的专家相信其疗效？

放血术的起源，是对人体解剖学和疾病生物学的粗略假设。坚持放血术的人认为，诱发疾病的原因是体液的不平衡，而放血则是恢复体液平衡的有效方式。这种思路缺乏揭示疾病真正原因所需的工具和方法，所以从根本上偏离了正确的道路。

但这也无可厚非，毕竟，当一个科学领域尚处于早期的发展阶段，哪怕是最聪明的、知识最渊博的医学专家，也可能会接受这种有缺陷的想法，且此类情况的确时有发生。但是，在性命攸关的医学领域，跨越许多世纪的无数医疗案例的反复经验，应该帮助我们的前辈们及时地吸取教训、认识到思维上的错误，并修正放血术这种错误的治疗方式。

事实上，它并没有，反而让事情变得更糟糕。

在大约2400年前，希腊名医、西方“医学之父”希波克拉底（Hippocrates）在他第一篇也是最广为人知的格言中，提出了关于从经验中学习的警示：“人生短促，技艺长存；机会稍纵即逝；谬误的经验，让决策变得困难。”

他说的没错，以个人观察和重复发生的轶事为形式的经验，在放血术的案例中确实被证明是谬误。这些所谓的经验，助长了放血术作为万能治疗方法的持续操作，强化了不正确的医学假设，并鼓励治疗师、医者甚至理发师，出于挽救性命的好意，经常在不卫生的条件下滥用放血术疗法。放血术的惨痛教训证明，哪怕是受过最好的教育和最有声望的人，也容易受到经验的欺骗。他们面对的是一个极难否定的老师，哪怕它传递了错误的经验。

下面，我们探讨一下依从经验可能会误入歧途的各种方式。

在许多情况下，小剂量的放血，例如通过拔罐和水蛭吸血法等操作，可以使身体恢复健康，减轻一些发烧和发炎的症状。在这种症状缓解和可能的安慰剂效应的作用下，人们很容易得出放血能够有效治愈疾病的结论。

在某些罕见的情况下，一些患者或许能够在大量失血的情况下复原，是因为其中有些人可能根本没有疾病，只不过是被误诊了。然而，这些人顽强的存活能力，也被解读为能够进一步证明放血术治疗效果的成功案例。

虽然侥幸存活的患者可以大声地宣称放血术疗法的所谓好处，但默不作声的死者，不会被计算在经验论证的过程内。他们的缺席，使得人们很容易地将他们的死亡归咎于疾病，而不是放血术的错误操作。

医生们无法仅凭观察确定疾病的真正诱因，进而难以制定适当的预防措施，并因此导致疾病的进一步蔓延。为此，他们选择在突发流行病时，加强放血术这个常规的治疗，也就可以理解了。

许多有影响力的专家，均亲身经历了放血术治疗过程，并幸存下来，由此成为这一疗法的拥护者，对其疗效产生了无法动摇的信心。为此，他们常常觉得自己有资格，甚至有义务，向大众宣传这个疗法。然后，这些专家继续指导他们的继任者，接纳并传播“放血术是有效的”这一思想。事实上，华盛顿的两位医生（医疗团队的2/3成员）和拜伦的两位医生（医疗团队2/3的成员）都曾就读于这所医学院——本杰明·拉什本人也曾就读于同一所医学院。而华盛顿的第三位医生曾是拉什的学生。这种封闭的专业知识圈子，导致好几代医疗从业者，从同一个源头接受知识的灌输，也使得有缺陷的经验更容易经受时间的考验，并获得传播。

由于所有这些基于经验的教训都指向同一个方向，决策者甚至越来越难以考虑其他的可能性。例如，挑战放血术这一主流观念的一种方法，就是随机选择一组病人，不施行放血疗法，然后跟踪他们的健康状况与被放血的病人有什么不同。但是，拒绝向有需要的病人提供既定的治疗方法，会让人觉得医生太过残忍或有问题，特别是当病人自己要求放血治疗的时候。因此，多年的经验证明，医生们很难摆脱放血术，而由此产生的传统过于强大，难以推翻。

到了19世纪，得益于随机试验、尸检和生物学的进步，放血术的流行程度终于开始有所减弱。医学史学家W. 米切尔·克拉克（W. Mitchell Clarke）证实了希波克拉底2400年前的智慧。“正如希波克拉底在他的第一篇格言中说的那样，如果我们相信，一种已经被实践了两三千年，并被过去最能干、最权威的人所拥护的治疗手段，应该被彻底放弃，那么，这种经验必然是谬误的。在我看来，这才是与这个问题有关的、最有趣和最重要的问题。”

确实如此。经验的教训有可能误导人，甚至会带来致命的后果，这是我们人类在学习和思考方式上面临的一个重大问题。这就是为什么我们选择专门写一本书，来探讨经验的欺骗性。

毫无疑问，经验是我们在生活的大多数方面做出决策的必要前提和主要依据。而且，在有些情况下，经验的确可以成为一位可靠的老师。但问题是，经验并不总是可靠的，而不幸的是，我们坚定地相信，经验永远都是可靠的。

在某些情况下，过度依赖经验会赋予我们所谓的“知识”，使我们变得不明智，同时又欺骗性地让我们觉得自己更聪明。这时，经验不但不会提供正确的答案，反而会强化错误的答案。我们可能会一次又一次地犯同样的错误，并在很长一段时间内，意识不到问题的存在。

为此，在接下来的章节中，我们将重点探讨，为何经验会出乎意料地成为人类的敌人和骗子，而不是成为朋友和老师。我们将讨论、经验在什么时候，以何种方式，背叛有能力的决策者，令他们在盲目自信的情况下，被剥夺全部执行能力。我们同样会探讨，在何种情况下，我们会学到错误的教训，以及可以做些什么超越当前的经验局限，发现正确可用的教训。

通过培养对经验教训的健康、建设性、批判性的态度，我们能够收获颇丰。现代社会的病人，除了少数罕见的情况，基本不会大量放血。虽然放血的操作依然存在，但其使用已经具备了更多的限制条件，并且也不再是主流的医疗方法。学到这个经验教训的过程并不容易，也导致无数人付出了生命的代价，然而我们最终还是成功地破除了对放血术的迷信，并完善了治疗疾病的方法。

然而，在现代生活的其他重要领域，经验是否还在欺骗我们？在什么情况下，经验是不可靠的，但我们却没有意识到？什么样的新习惯和新思维工具能够帮助我们发现经验的不足，看清其误导性的教训，并在此基础上，做出更明智的决策？

这些都将是本书重点探讨的问题。

经验——人类强大的老师

经验本身是一个复杂的概念，简而言之，经验包含下列几项具体的内容和品质：

经验是一个过程。它是我们与当前环境每时每刻的互动。我们会观察和参与事件，有时候这两个行为会同时发生。我们会体验一场摇滚音乐会，或体验一次滑雪旅行。如果我们经营一家企业，那么在设计商店、网站和手机时，我们会关注客户和用户体验的优化。

经验也是一种产品。它是在我们过去无数次的互动的基础上，长期积累而来的。我们通过实践或多次参与一项任务，来获得经验。因为我们重视经验教训，所以我们会强调，必须雇用具备一定经验的员工，因为我们希望他们能够胜任需要从事的工作。

经验也是个性化的。我们在尝试新事物时，需要依靠经验来判断自己是否喜欢。然后再根据这个判断，规划未来的决策和行为。经验在塑造品味方面，也发挥着关键作用，例如大多数美国人喜欢棒球，而很多英国人则喜欢板球，但大多数土耳其人或西班牙人，根本不关注这两种比赛。通常，我们的经验会决定我们喜欢什么游戏或书籍，以及我们会喜欢哪种特定的食物。

归根结底，经验是我们生活中不断依赖的基本知识来源。当我们需要取舍时，我们欢迎，甚至需要具备一定的经验，以便了解情况，并依据个人的喜好和目的做出决策、采取行动。

幸运的是，从经验中学习，有很多好处：

它是一个自动的过程。我们很少思考如何从经验中学习，它会自然而然地发生。很多动物与人类一样，都能够自然而然地通过经验来了解周围环境中各种关乎生存的条件、模式、风险和回报。

它的速度非常快。对于我们每天必须面对的各种情况，经验能够迅速地强化个体的直觉、第六感和潜意识的认知。哪怕是一次简单的遭遇，也足以令我们形成一种观点，而这种观点在很多情况下，能够帮助我们更高效地处理生活中各种突发的情况。

它能提振信心。经验使我们了解身处的现实，并帮助我们建立参与这些现实的底气和自信。通过获取更多的经验，我们相信自己会变得更有能力。

它是经久不衰的。我们从经验中学到的许多技能，最终会成为我们的第二天性，它们将伴随我们很长时间，即便暂时被遗忘了，也很容易再捡起来。经验的持久性为我们学习其他技能空出了时间和精力。

举个简单的例子，骑自行车，是大多数人可以从经验中学到的典型技能。如果你会骑，那一定是在实践中学会的，没人能通过看书或看视频学会骑车。我们不需要花上几百个小时的时间，就能够学会骑自行车，并且骑得越多，就越能感受到控制力和熟练度的提升。你在骑车时不需要思考自己正在做什么，或需要怎么骑，但你也很难向一个从没骑过自行车的人解释骑车的体验。后者必须要自己骑一次才能够理解。即使有一段时间没有骑自行车，但再次骑车也能够很快驾轻就熟。同理，很多其他的技能也是如此，如开车、打字、滑雪或做手术。

因此，丰富的经验可以使某种技能成为专长，而可靠的反馈加上刻苦的练习，能够帮助人们在许多复杂的任务中不断地完善技能。

以打网球为例。网球运动中的每一个动作和击球的后果，都可以被球场上的所有球员立即观察到。每次练习和比赛中，对手之间的数百次互动，可以提供可靠和可操作的见解。这让我们了解，在几乎所有情况下，什么样的策略能够带来什么样可能的结果。教练也可以从旁观者的角度，观察整个过程，进一步丰富球员的经验。最近，网球设备制造商也开始制造智能球拍，球拍中嵌入的微芯片和传感器能够提供球是如何被击打的细节数据。对这些数据进行分析，有助于改善球员学习的过程，提高比赛成绩。

考虑到这些网球运动员超乎寻常的学习条件，在温网打比赛的球员仿佛有着超人的能力也就不足为奇了。可靠的经验的确能够帮助他们将天赋发挥到极致。

除了身体技能方面的运用，经验在概念的学习方面也有巨大帮助。反复地接触特定的理念，可以大大减少费时费力的思考过程。经验不仅仅是我们身上正在发生或已经发生的一系列乏味的事情，而是一个错综复杂的记忆、诠释和联想的结合体，能够帮助我们不费吹灰之力地记住各种各样不同的概念，并构建它们之间的联系。

如约翰·杜威（John Dewey）、库尔特·卢因（Kurt Lewin）、让·皮亚杰（Jean Piaget），以及最近的大卫·科尔布（David Kolb）

和罗纳德·E. 弗莱（Ronald E. Fry）等心理学家，都将从经验中学习的过程视为一个循环的过程。我们先体验，然后反思，产生抽象的经验，最后尝试将这些经验付诸实践。实践会进一步带来更多经验，然后又开启一个新的学习循环过程。

这个循环，是理解因果关系的主要来源。我们做出某些决定，并观察别人做出的决定，然后发现其中的联系和后果。随后，我们利用这些洞察力，来修正自己的决定，并增加我们获得预期结果的机会。

例如，在网球场上，不同的策略，可以引起对手不同的反应，并导致不同的结果。这些实验和分析因果关系的过程，能够让球员逐渐优化自己的比赛策略。同样，对过去关系的记忆，无论是家庭和社会生活、工作，还是社区中的关系，都能塑造一个人日后的行为。

一个领域的经验，也可以让我们了解其他领域的相关过程和问题。经验丰富了我们可以连接的点的类型，并增强了知识从一个领域转移到另一个领域的潜力。

打网球的经验，也可以让球员们深入了解努力工作、竞争、耐心、失败、信心和天赋等抽象概念的本质，而这些理解，即便离开了球场，也具备巨大的价值。一个领域的成功项目，可以为企业家提供必要的经验，使其在不同领域的下一个项目中同样取得成功。

我们还可以从别人的经验中学习。虽然这些经验往往不如我们亲身获得的经验生动，但它们一样可以指导我们塑造自己的能力。而导师们通过分享自己从经验中获得的教训，可以帮助学徒们节约大量试错的时间和精力。

再回到网球比赛的例子，观察对手与他人的比赛也可以给选手提供宝贵的线索，让他知道如何与对手们竞争。教练也可以基于这些观察的结果，引导球员采取适合并有利于自身的策略。同样，一位经验丰富的商业顾问提供的建议，可以帮助决策者更好地规划实现理想目标的路径。

基于所有这些原因，在我们形成直觉，并在生活的各个方面做出决定时，经验可以成为一个强大的老师。它可以帮助我们适应新的环境、优化我们的表现，并帮助我们在困境中存活。

然而，所有这些优点的背后，都隐藏着它的阴暗面。经验也可能在我们无意识的情况下，欺骗和误导我们。

险恶的学习环境：什么是缺失的？什么是不相关的？

因经验具备私人、自动、快速、令人振奋、持久等特质，所以我们也极难忽视经验。经验灌输在我们直觉中的概念，天然地让人觉得可靠和可信。不幸的是，当经验教给我们错误的教训时，也是如此。

人类思维存在这样一个默认模式，即假设我们的经验清晰而完整地反映了我们所面临的现实。无论我们通过观察和参与学到什么，似乎都被大脑默认为事实。心理学家、诺贝尔奖获得者丹尼尔·卡尼曼（Daniel Kahneman）将这种综合征称为WYSIATI，即你所看到的就是全部（What You See Is All There Is）。

这个假设，一般来说，对自行车和网球等技能类的活动是有效的。这些活动涉及到良性的学习环境，在这种环境中，决策者会收到大量的、即时的、准确的行动反馈，而且游戏规则基本保持不变。

在这些受控和受限的环境下，经验给予的认知通常是可靠的。

然而，现代生活却很少像自行车或网球那样。在现实生活中，我们看到的不一定是全部。

正如心理学家托马斯·吉洛维奇（Thomas Gilovich）在《理性犯的错:日常生活中的6大思维谬误》（*How We Know What Isn't So: the Fallibility of Human*）一书中警告我们的那样："这个世界并不公平。它没有为我们提供能够让我们更好地'知道'所需的清晰信息，而是为我们呈现了随机的、不完整的、不具有代表性的、模糊的、不一致的、难以接受的或二手的混乱数据。"

例如，我们可能并不总是能观察到自身决策导致的后果，或者只有在相当长的延迟之后才能观察到。此外，现实生活的游戏规则可能会迅速地、出乎意料地改变，使我们辛苦积累的经验变得过时。而且我们往往没有教练或微芯片，来帮助我们剖析和纠正我们对所发生事情的个人理解。

我们面对的大多是险恶的学习环境，我们的经验不断受到各种过滤和扭曲。就像柏拉图著名的洞穴寓言一样，在许多相关的情境中，我们可能只是观察到了实际发生事件的一些朦胧的表象。虽然经验仍然会带来学习的结果，但我们并不能保证经验的教训能准确地代表现实的情况。

事实上，社会学家和组织行为学者詹姆斯·马奇（James March）在《经验的疆界》（*The Ambiguities of Experience*）一书中表示，当证据存在缺失的问题或包含诸多不相关的细节时，我们往往无法从经验中学到正确的教训。我们也很容易被主观的解释所左右，并倾向于根据有限的信息武断地得出结论。在这种情况下，更多的经验反而会强化误导性的信念，同时造成一种我们变得更聪明了的假象。

因此，具备提出质疑并及时调整经验教训的能力就变得至关重要，特别是在我们真正需要做出明智决策的复杂情况下。因此，在遭遇险恶的学习环境时，我们需要提出颇具价值的两个关键问题：

- 如果我希望充分理解正在发生的事情，我的经验中是否有一些重要的东西缺失了？
- 在我的经验中，有哪些不相关的细节是需要被忽略的，以避免分散我对正在发生的事情的注意力？

下面，我将通过一个简单的例子，说明缺失的信息如何导致经验产生误导性。

在一档特别的电视节目《赛马预测系统》（*The System*）中，幻术师达伦·布朗（Derren Brown）连续投掷一枚硬币10次，每次都能掷到人头。他使用的硬币，是一个真实的硬币，也没有任何镜头技巧，而且10次连续抛硬币的时间不到1分钟。

观看整个抛硬币的过程，你可能觉得整个事件似乎是超自然的。布朗看起来很自信，很有把握。在第6次抛掷后，他甚至断言了后面的成就，说“还剩4次……抛到10次人头，我就会停下来。”就好像他找到了一种欺骗自然规律的方法，将自己的意志施加在硬币上。

事实上，他的确欺骗了观众，因为这个看似超自然的结果并不是通过操纵硬币实现的，而是通过隐瞒大部分失败的尝试实现的。在节目结束之前，他揭秘说，我们看到的10次人头连抛，只是长达数小时的尝试中，成功的1分钟的展示。摄制组跟随布朗连续拍摄抛硬币的过程，长达几个小时，而且只要他抛出反面，就清零并重新开始拍摄。最终，在尝试无数次之后，布朗终于连续抛出10次人头，这次的成功尝试，最终变成了观众们看到的那一个片段。随着时间的推移，起初看似不可能的事情变成了必然，但布朗的成就并非得益于其异于常人的天赋，而是抛硬币的概率性结果。

在这种情况下，虽然我们见证了令人惊叹的成功，但从经验的角度来看，获得这一结果的错综复杂的过程是缺失的，这也使得结果看起来根本不符合现实的情形。

如果不是一个人多次抛掷硬币，而是成千上万的人同时抛掷硬币，也会产生类似的结果，其中肯定会有几个人能连续抛出10次人头。然而，这同样不是因为他们抛硬币的技巧尤为高超，而是纯粹的运气使然。但如果我们只观察那些连续抛出10次人头的人，就会导致这段经验中，缺少某些失败结果的情况（那些未能连续抛出10次人头的人）。最终，成功的少数人，又会显得比真实的自己更伟大。

不幸的是，我们在生活中获得的很多经验，都是基于此类选择性的信息样本。例如，我们通常无法观察到，做出另一种选择会发生的结果。另外，前所未有的灾难和颠覆性的创新，从本质上来说，也是我们的经验中所没有的。这使得我们真的很容易忽视或轻视某些相关的细节，而这些细节，本应为我们的重要决策提供信息。视线之外的东西，很容易变成考虑范围之外的东西。

反过来也一样：我们能够看到的东西，塑造了我们的经验和我们从中得出的结论，即使我们看到的东西可能与所获得的结果毫无关联。

本书的作者之一，在苏格兰长大，他最喜欢的一次家庭旅行是去一个叫“电布雷”（Electric Brae）的山坡。这个与众不同的山坡位于西南海岸艾尔镇以南几英里[①]处，靠近杜努尔村。如果你把一个球放在地上或洒上一些水，你会观察到球或水开始移动——向上坡移动。难道万有引力定律在苏格兰的这个地方不成立吗?

在斜坡附近有一块石头，上面刻着以下说明：

这条道路，从西边俯瞰克洛伊铁路高架桥的拐弯处（法定基准线以上286英尺[②]），延伸到东边树木茂盛的Craigencroy峡谷（A.O.D.303英尺），长达1/4英里。虽然从弯道到峡谷有1/86的坡度，但道路两边的土地构造，造成了一种视觉错觉，使人觉得坡度是向上走的。因此，一辆静止的汽车，在断头的道路上滑行，会看起来像在缓慢地爬坡。这个坡之所以名字中带“电”，是因为在过去一段时间里，人们错误地认为，这些现象是由这个山坡内的电或磁力引发的

① 1英里=1.609344千米。——编者注

② 1英尺=0.3048米。——编者注

奇迹。

周围乡村的轮廓，干扰了我们对斜坡走向的判断。虽然我们的视觉经验表明，这个山坡的怪异现象是由电或磁场引起，但事实肯定不是这样。

为此，在本书中探讨不同经验的误导性时，我们都会反复探讨这两个关键的问题，即什么是缺失的，什么是无关紧要的。它们是非常宝贵的工具，可以帮助我们拨开经验的迷雾，看清它教给我们的简单而明显的错误教训，即那些在险恶的学习环境中常常会导致不完整或完全错误结论的教训。

从经验中学习——然后努力忘却

从经验中吸取的不可靠教训往往很难消除或修正，因为它们往往会随着经验的增多，得到进一步的巩固和强化。这就是为什么，哪怕周遭的环境已经发生了变化，但受制于历史的经验，我们仍发现自己无法做出适当的调整，以适应新的现实。

YouTube频道《聪明每一天》（*Smarter Every Day*）的创建者德斯坦·桑德林（Destin Sandlin），用一个不同寻常的实验测试了这一概念。他把自行车的车把操作方式反过来，当你向左旋转车把时，车轮就会向右转，反之亦然。然后，他让那些可以轻松骑正常自行车的人，尝试骑他创造的“反向自行车”，并骑行几英尺。

骑反向自行车，行驶几英尺有多难？实验证明，非常难。因为人们已经习惯了正常的自行车，根本无法适应这种新情况。

令人印象深刻的是，经过大量的练习、体验和试错，桑德林最终学会了骑这种怪异的自行车。但后来他发现，自己已经无法骑正常的自行车了。这个实验最终证明，骑普通自行车的经验为骑反向自行车提供了错误的技巧，反之亦然。

如果你不想把自行车弄得乱七八糟，可以尝试把电脑的键盘倒过来，做个类似的实验。键盘颠倒之后，试着输入自己的名字，你会发现手指在按键上笨拙地徘徊，因为当你条件反射般地去熟悉的地方寻找相应的字母时，会沮丧地意识到它们不在那里。

这两个简单的实验证明，经验会束缚我们，使我们倾向于特定的选择、过程或行动，哪怕它们已经变得过时或不相关。造成这个结果的部分原因，是我们很难摆脱旧经验的束缚，重新学习新的规则。

未来学家阿尔文·托夫勒（Alvin Toffler）在他的经典著作《未来的冲击》（*Future Shock*）中，把解除旧经验束缚和重新学习的能力比作“识字”的能力。在一个社会、技术不断发展和全球化不断推进的世界里，经验教训的不可逆转性和不可靠性，会使我们在很长一段时间内，成为这个意义上的“文盲”而不自知。

事实上，在长达数个世纪的时间里，人类傲慢地认为，地球是宇宙的中心。我们简单地认为，我们所看到的一定是事实。而经验的滤镜，不断地证实和强化了这个错误的信念，即地球是平的，且一切都以它为中心旋转。为了跳出这个经验的束缚，我们不得不开发出一些方法和技术，让我们能够超越旧有的经验，去把握实际的情况，即发现地球其实并不是宇宙的中心，而只是一个更大的宇宙系统的一小部分。如果无法正确地评估我们的实际位置，我们就会停留在错误的知识上，止步不前。这些知识来自于经验，并倾向于被更多的经验进一步强化。

好消息是，只要掌握了正确的工具，我们就能避免或逃脱这种经验的陷阱。这对人类推动在医学、科技、教育、政治、经济和商业等重要领域的进步来说，至关重要。而坏消息是，除非我们能够承认经验偶尔会成为一个可怕的老师，否则我们还是会陷入经验的圈套，哪怕有大量证据表明经验的教训是错误的。

摆脱经验的妄想

经验永远是一位伟大的老师，这本身就是一个谬论。大概15年前，在我们（本书的两位作者）第一次见面时，我们的研究目标是研究经验如何帮助人们学习有价值的见解，并做出更好决策的正面事例。然而，随着时间的推移，我们开始注意到，在许多的情境中，更多的经验不仅没有简化事实，反而把事情复杂化了，但人们却没有意识到。

已故行为决策理论创始人之一，赫乐尔·恩洪（Hillel Einhorn）曾问道，“如果我们相信可以从经验中学习的事实，那么我们能否可以意识到，我们也无法从经验中学习的事实”？

在今天这个充满争议的世界里，关于何时以及如何挑战公认的智慧，无论是学术和科学专家、政治和社会“精英”，还是强大的新闻媒体机构，都有很多争论。以恩洪提出的问题为基础，我们认为，对于经验产生的智慧，也应该进行类似的严格和深思熟虑的审查。毕竟，自我欺骗和被他人欺骗一样糟糕，而且往往更难克服。

我们并不是说要忽视经验。但是，对自身的经验秉持适时而健康的怀疑态度，会让我们分辨出经验什么时候是可靠的，什么时候是不可靠的。作为决策者，我们最好把经验的教训视为需要检验的假设，而不是绝对不可挑战的定论。只有这样，我们才有希望有效地学习经验、解除旧经验的束缚并重新学习新的经验。

人本主义心理学家卡尔·罗杰斯（Carl Rogers）在《个人形成论》（*On Becoming a Person*）一书中，极具说服力地阐述了这种怀疑论。他宣称，在我们了解周围世界、做出决定时，个人经验是“最高的权威”和“有效性的试金石”。没有任何其他东西，可以与我们从经验中得到的教训相媲美，并让人觉得更有说服力。但这种权威，不应该源于“经验是无懈可击的”这一假设。相反，罗杰斯认为，我们应该重视经验的教训，恰是因为经验的教训可以被审视和纠正。

对经验的教训采取探究的态度，也会使我们能够定期审视我们所依赖的专家和领导者提出的意见的正确性。了解什么时候经验会带来可靠的专业知识，什么时候不能。这将使我们能够选择更好的管理者、专家、顾问等，进一步优化我们的长期福祉。

本书旨在改善我们从经验中学习的方式，我们无意假装知道或试图规定每个人的最终决定应该是什么，或不应该是什么。相反，我们力图在本书中，通过阐述实例，揭示经验不可靠的本质，并通过提供创造性的思维方法，培养人们正确的直觉，避免重蹈放血术的覆辙。

STORIES THAT LIE

第一章

会撒谎的故事

当经验沦为过于武断的论述时，我们要成为通过实验来论证的决策者

让我们先看看下面这个短片：

屏幕上是一个圆，静止不动，位置稍稍偏向中心的右边。然后，一个三角形从左边进入，并向圆滑行，当两个图形在屏幕中间相遇时，三角形停止移动，圆开始向右滑行。最终落到屏幕外，三角形留在屏幕上，一动不动。这个短片就结束了。

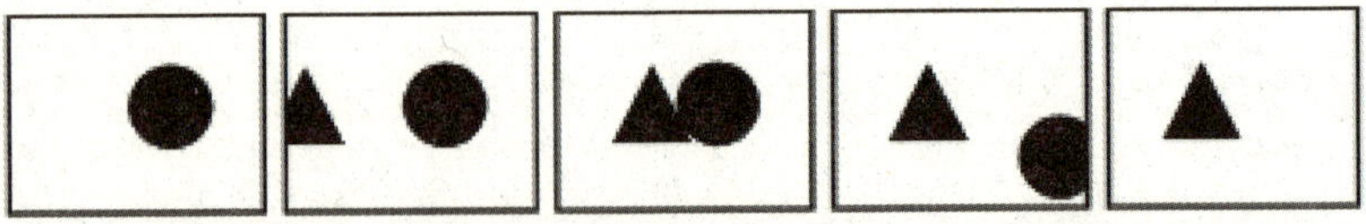

请你想一想刚才发生的事情，这一系列的事件代表了什么？

我们在一些讲座和研讨会上播放这个小短片，并向观众提出这个问题。他们通常会出乎意料地迅速做出反应，给出各种各样的回答。一些人从字面上理解和解释这个片段："一个三角形把一个圆从画面

中推了出来。”

其他人的回答则更加丰富多彩，也更具有隐喻性，例如：

“变化是不可避免的。”

“方案不断升级以更好地解决问题。”

“秩序总是能打败混乱。”

“有明确原则的人，总是能赢过没有原则的人。”

“理智胜过情感。”

在收集了众多的回答之后，我们提出了一个后续问题：接下来会发生什么？我们再一次得到了许多答案，但这一次的大多数答案，都以前一个问题的答案为基础，例如：

“一个正方形，会来推开三角形。”

“圆的回归……它将回来复仇。”

“一个更好的解决方案，将取代这个解决方案……也许它将有更多的颜色。”

“情感最终会占上风。”

这个实验，是基于心理学家弗里茨·海德（Fritz Heider）和玛丽安·西梅尔（Marianne Simmel）的研究成果。而这个实验的设计灵感，受到了心理学家阿尔伯特·米乔特（Albert Michotte）的启发。他们会向观众展示某些特定形状，使这些形状动起来，然后研究人们的看法。

三角形和圆形的故事，揭示了我们从经验中学习的方式的一些重要线索。

首先，经验很快就会变成故事。人们能够毫不费力地根据他们的观察产生观点或叙述，并常常把这些解释与他们以前的个人经验、信念和知识联系起来。

其次，事件发生的时间顺序，往往会使人想到因果关系。上面的片段只是简单地展示了两个物体以不同的方式运动，但根据事件的顺序，观众很快就会得出，一个事物导致另一个事物的运动并最终消失的结论。

最后，人们很容易以感知到的故事为基础，产生对下一步可能发生事件的预测。因为一个物体推了另一个物体，现在轮到后者报复前者了。或者因为变化是不可避免的，新来的也将反过来被别的东西取代。最初的故事内容为我们铺设了一条道路，让我们对未来的事情进行猜测和期待。

因此，这个小实验表明，我们人类能够根据自己的经验，迅速而熟练地生成故事，然后以此为基础，对未来的形势进行判断。这是一项相当复杂的任务，但人类却非常擅长于此。也许我们如此擅长讲故事的部分原因，就是故事为我们提供了如此强大、宝贵的处理经验的工具。

故事帮助我们理解我们的经验，它们提供了一种方式，将意义附加到影响我们生活的复杂而重要的事件上，故事让我们能够从混乱中创造秩序。

故事帮助我们记住我们的经验。记住一连串的单词或概念，并在很长一段时间后依然记住它们的顺序，是很困难的。但如果我们通过一个整合的故事，将它们联系起来，那么在需要的时候，它们就更容易被回忆起来。

故事有助于我们交流经验。我们可以很容易地以故事的形式将经验传达给他人，以确保整个群体都学习到其中的经验。我们也可以通过了解他人的故事，从他们的经验中学习。

故事帮助我们根据自己的经验预测未来。我们可以用它们对以后可能发生的事情进行猜测。关于过去和现在的故事，塑造了关于未来的故事。

历史学家尤瓦尔·赫拉利（Yuval Harari）在《人类简史》（*Sapiens*）一书中，强调了人类创造、相信和传播故事的能力对于人类作为地球上的一个物种，占据主导地位的重要性。故事帮助我们进行合作、击败对手、在致命的危险中幸存下来、建立庞大的城市、维持复杂的体系，并发明新的事物。例如，国家就是建立在故事的基础上，并得到故事的支持的，这些故事生动地概括了整个国家同胞的共同经历。相反，如果没有故事，就会使我们失去宝贵的经验、合作和机会。

既然是故事帮助人类进化成为地球的领导者，我们能不能说，人类天生就具备从经验中自动看到故事的能力？

这很棒啊，会有什么问题呢？

不幸的是，能够讲故事，对人类来说有利有弊，有时候也会造成严重的问题。如果我们对事件的认知，被过滤、扭曲、缺失的细节和不相关的信息影响，那么我们产生的故事就会过于简单化和不切实际，无法捕捉到实际情况的细微差别，或者说，无法帮助我们为未来做好充分的准备。

然而，这种误导性的故事，仍然可能具备巨大和持久的影响力。哲学家弗里德里希·尼采（Friedrich Nietzsche）在《人性的，太人性的》（*Human, All Too Human*）一书中提出的观点认为，“部分知识，比全部知识更经常地取得胜利：它把事情设想得比实际更简单，因此基于它们提出的意见，更容易掌握，更有说服力”。

历史本身的性质，使得部分知识的现象不可避免。当我们从历史中学习时，我们能观察到的，不过是许多可能的结果中某一个结果的展开。而真正发生的事情，甚至不是发生概率最大的版本。当涉及从历史中学习时，从定义上讲，学习环境是险恶的。

在《反常识：你对世界的理解，正在阻碍你对世界的进一步理解》（*Everything Is Obvious: Once You Know the Answer*）一书中，社会学家邓肯·J. 瓦茨（Duncan J. Watts）警告说：“当我们回望过去时，我们只看到发生过的事情——而不是所有可能发生但没有发生的事情——因此，我们的常识性解释，常常将本质上仅仅是一连串的事件，误认为是因果关系。”

我们看到的，不一定是全部。

例如，在三角形和圆形的故事中，可能存在比我们的眼睛看到的更多的东西。可能是圆形的离开促使三角形的到来，所以后一个事件，实际上是前一个事件的原因。这个故事也可能是概率性的：一个事件只在某些时候导致另一个事件的发生，我们只是观察到它发生的特定顺序。或者二者之间根本不存在任何因果关系，只存在时间顺序的相关性：一个事件发生在另一个事件之后，但不是因为前者，后者才发生。

更复杂的情况是，如果不存在一个有意义的故事呢？没有事件的相互推动、没有拉扯、没有固定模式、没有教训、没有原因、没有结果，没有东西可以预测。如果我们的经验，或我们从中学习的历史事件，在很大程度上，完全是随机的怎么办？那么，我们人类将面临一个真正的风险，那就是在没有故事的情况下，看到了故事。

心理学家认为，当我们把随机事件解释为有意义的时候，我们就受到了“聚类错觉”（clustering illusion）的蛊惑。作家、怀疑论者迈克尔·舍默（Michael Shermer）将我们在无意义的噪音中看到有意义的模式的倾向称为“模式倾向”（patternicity），而精神病学家克劳斯·康拉德（Klaus Conrad）将其命名为“幻想性错觉”（apophenia）。而基于随机性事件产生精心设计故事的行为，也有了名字，应用统计学家、作家纳西姆·塔勒布（Nassim Taleb）称其为“叙事谬误”（narrative fallacy）。

对我们来说，根据我们的经验写一个故事要比忽略经验容易得多。当我们在充满复杂和不确定的情况下创作故事时，就很容易写出错误的故事。因此，我们可能在无意中，编写、学习、相信、践行并告诉别人一些要么不存在、要么严重失真的故事。此外，一旦我们迷上了某种特定类型的故事，就很难改变自己的想法。我们从这些故事中吸取的教训会长久持续，并决定我们下一步的行动。

以放血术为例，对诱发病因的错误信念导致了错误的治疗方法。后来者的经历似乎反映了一种虚幻的因果关系，但却在很长一段时间内，强化和宣传了这个错误的故事。有时，这种错误的经验会导致事情走向极端，到了无可挽回的地步，夺去了需要帮助的病人和我们所爱之人的性命。

如果不谨慎处理，我们的经验反而会使我们相信错误的原因、期待不切实际的结果、对业绩评价不足、做出错误的投资、奖励或惩罚错误的人，且不能为未来的风险做好准备。更糟糕的是，我们甚至可能没有注意到，自己正在根据错误的故事采取行动，并因此无法及时、适当地修正这些故事和经验，最后导致我们可能解决了错误的问题、使用了不适当的方法，最终导致目标无法实现。

只有承认这些潜在的弱点，并超越现有的经验，我们才能找出适当的机制，在我们面临许多复杂情况的时候，帮助我们形成更准确的表述。此外，不管这些经验或故事听起来多么令人信服，将其视为有待质疑和改进的理论，而不是可以直接照搬的真理，我们或许有机会利用人类天生的故事编写能力来充分发挥经验的优势。对基于经验的故事，秉持一种及时而适度的怀疑态度，可以帮助我们正确地判断，哪些因果关系强于其他的关系，以及哪些因果关系可能根本不存在。

因此，在本书中，我们将剖析各种各样的经验谬误故事，它们会让我们在不同生活领域做出重大决策时产生出一种学习的错觉。我们将从本章开始，论述一些具体的案例，为后面章节的进一步阐述打下基础。下面，让我们从随机性的经验故事开始。

忽视了随机性的经验故事

下面的事件，都发生在2015年。

塞雷娜·威廉姆斯（Serena Williams）被视为历史上最伟大的网球运动员之一，也是世界头号网球女选手，她有望赢得“年度大满贯”，即一名球员在同一年赢得所有四项大满贯赛事——澳大利亚公开赛、法国公开赛、温布尔登和美国公开赛的冠军，就能够被称为年度大满贯得主。这是一个特殊的成就，而威廉姆斯当时在巡回赛中占据了优势地位，夺冠希望很大。所以，她被放在了《体育画报》（美国体育杂志）8月31日刊封面的显著位置，标题是“大满贯：所有人都在关注塞雷娜”。

然后，意想不到的事情发生了。在9月美网公开赛的一场惊心动魄的半决赛中，夺冠大热门的威廉姆斯，输给了非种子选手罗伯塔·文奇（Roberta Vinci）。

棒球明星丹尼尔·墨菲（Daniel Murphy）在纽约大都会队，也打出了一个伟大的赛季，他“在季后赛中，连续6场比赛打出本垒打，创造了棒球大联盟的纪录。在进入世界大赛的9场比赛中，他的打击率为0.421，有7支本垒打和11个打点”。于是，墨菲同样迅速登上了《体育画报》11月2日刊的封面，头条称他为“不可思议的墨菲”。

然后，意想不到的事情又发生了。墨菲的击球表现突然下降，他在世界大赛关键的第四场比赛的第八局中，错过了一个落地球，据说这也是大都会队输给堪萨斯城皇家队的一个原因。

演员威尔·史密斯（Will Smith）因饰演法医病理学家贝内特·奥马鲁博士（Dr. Bennet Omalu）而获得金球奖提名。奥马鲁博士的主要成就是发现足球与大脑损伤之间的联系。由于这是体育界的重要进展，《体育画报》在12月28日刊的封面上刊登了史密斯和电影《脑震荡》（*Concussion*）的宣传照，并打出了“威尔·史密斯，照亮足球最黑暗的角落和美国足球竞赛的未来”的标题。

然后，意想不到的事情再次发生了。尽管影片很受欢迎，史密斯的表演也得到了好评，但他却没有获得奥斯卡提名。事实上，这部电影完全被排除在了这项著名电影盛事的提名名单之外。

所有这些事件，都发生在几个月内，并且呈现出类似的事件顺序，即某人表现出色——出现在《体育画报》的封面上——表现受挫。这种所谓的《体育画报》封面现象，是基于这一系列反复发生的事件，并在多年来被体育迷们反复观察到了。这种现象的覆盖程度到底有多大呢？来自《体育画报》的维基百科条目的最新数据，记录了数百个类似案例。《体育画报》杂志自己，也在其2002年1月号中探讨了这一现象，该杂志显示，截至该期期刊出版时，37%的封面人物（自1954年8月第一期以来的2456个封面中的913个），确实在登上封面之后出现了事业表现不佳的现象。

这是个容易根据经验而产生过于武断叙述的典型案例。当一名运动员或一支球队未能达到预期的表现时，球迷们迫切地想了解到底发生了什么。一段时间后，他们会注意到，在多次令人失望的表现之前，一本杂志的封面上曾出现过该运动员或相关球队的身影。这其中一定有什么联系，也许运动员或团队无法应对被公开称为“伟大”的压力，也许他们被媒体的高度关注和球迷们越来越多的崇拜分散了注意力，也许他们沾沾自喜，停止了继续努力工作，等等。

所有这些情况都有可能发生。但对于登上封面的那些运动员、名人或球队，请让我们给予一些基本的信任。为了获得这些登上封面之前的成就，职业运动员必然异常刻苦地练习，因此，他们中很少有人轻易屈服于压力，或轻易被宠坏。那为什么上了《体育画报》的封面，就会导致成绩下降？这可能是一个错误的问题。相反，更明智的做法是，在开始调查这些事业下滑的现象时，先问：“这些运动员或球队，什么时候会成为该杂志的封面人物？”答案是：当他们处于职业巅峰状态的时候！

如果《体育画报》杂志严格按照这个标准筛选封面人物，那么登上其封面的很多人，必然是优中选优的佼佼者。他们以卓越的成就赢得了登上封面的殊荣。这同时也意味着，他们很可能没办法再超越登上封面时的巅峰表现，或不存在太大的提升空间。而如果他们的卓越成就是竞技水平和一些控制范围之外的事件的结合（就像在体育和许多其他行业一样），那么很有可能，他们在下一次的表现会向着一个相对更“正常”的水平下降。虽然这种下降可能会在他们出现在封面上后不久发生，但这不会是由封面造成的，它只是事件的一个自然发展进程。

事实上，如果上了封面的许多人后来没有表现得逊色，对《体育画报》来说，反而是一个不好的信号。那就意味着，编辑们在识别和挑出表现最好的球员时，并没有真正做好本职的工作。在这里，我们面对的不过是回归均值的正常统计现象，或者说，正如《体育画报》自己所描述的那样，是一个“自然而然”的结果。

当然，有人可能会说，这种都市传说的存在并无坏处。毕竟，这只是一个在体育界出现的某些罕见极端事件的错误故事。

但这个例子，实际上代表了一个更大的、广泛存在的现象。回归均值的现象，在所有领域和情况下都存在。在这些领域和情况下，在某种程度上，最终的结果完全取决于纯粹的运气或随机事件。运气在一个极端结果中扮演的角色越大，事件迅速恢复到更正常水平的可能性就越大。当然，这对于积极和消极的极端事件都是如此。而我们对生活中许多领域的极端事件都非常关心，这意味着，我们对回归均值现象倾向的忽视，常常导致我们创作出有缺陷的故事，这些故事错误地识别了造成结果的原因，并夸大了它们对结果的影响。

以医学为例，如果一种药物或治疗方法，经常在极端情况下使用，其治疗效果可能就会被高估。事实上，例如放血术，如果有些患者在感觉非常糟糕的时候选择了放血，可能会受益于转归效果，即无论是否放血，他们的病情总会在一段时间后就好转。但因为实施了放血的操作，它揽走了大部分的功劳。

同样，回归均值的效应，有时候可能会使咨询师得到比他们应得的更多的赞誉，因为咨询师的客户通常在表现异常糟糕的情况下进行咨询。在咨询后，一部分业绩的提升，要归功于咨询师；而一部分则要归功于运气。但咨询师们往往会得到全部的荣誉。

如果不考虑可能的回归效应，任何类型的评估都是不完整的。假设一家公司只给业绩最好的人发奖金，并惩罚业绩最差的人。表面看来，这是符合逻辑的操作……但回归均值的效应，一定会导致部分业绩最佳的员工在新的一年里，做得比前一年差；而一些业绩最差的员工，则表现有所提升，这与奖励和惩罚的管理措施效果毫无关联。但从表面上看，这种经验会错误地加强人们的信念，即惩罚能够带来更好的激励效果，而奖金则会令人骄傲自满，表现变差。

所谓的彼得原理[①]，部分原因也是由于回归均值的效应。彼得原理主张员工"会晋升到自己无法胜任的职位"。如果员工在工作绩效处于或接近最佳状态时得到晋升，那么由于回归效应，他们晋升以后的表现很可能会下滑。

类似的情况，也会发生在领导层的变动中。经历了连续的糟糕业绩的经理或行政人员可能会被替换，但新官上任后，企业的业绩可能会有所改善。然而，这种改善，是否纯粹得益于这次人员的更换呢？如果此前业绩下降的部分原因是由于遇到特别倒霉的情况呢？因为在没有改变发生的情况下，我们永远看不到可能产生的不同结果，所以我们也很少考虑到这种替代性解释。

在《醉汉的脚步》（*The Drunkard's Walk*）一书中，物理学家列纳

① 彼得原理是管理学家劳伦斯·彼得（Laurence J. Peter）在对组织中人员晋升的相关现象研究后得出的一个结论：在各种组织中，由于人们习惯于对在某个等级上称职的人员进行晋升提拔，因此每个职工都趋向于上升到他所不能胜任的地位。彼得原理有时也被称为"向上爬"理论。——编者注

德・蒙洛迪诺（Leonard Mlodinow）举了一个电影行业的例子。制片人因为连续选择了几部表现不佳的电影而被解雇。新高管到任后，电影公司业绩的好转，被视为证明了两件事：一是旧管理层的确应该为之前的糟糕票房负责；二是新的管理层是个好选择。然而，具有讽刺意味的是，哪怕人们了解到，在旧管理层被替换后，取得好票房的电影实际上是由被解雇的管理人员挑选的，并且已经在筹备发行的过程中，他们也不会改变这种看法。

说到电影行业，电影续集的市场表现往往也受到回归效应的“诅咒”。如果在原版大片之后拍摄的续集的收视率相对较差，其实正常，且第一部越是大热，后续的作品就越是“被诅咒”。当然，这并不意味着续集的质量不高，或票房不好。影院的数据显示，电影续集往往也能够带来相当可观的回报。因此，我们在短时间内，还是可以期待各路大片续集的上映。

归根结底，基于经验对回归均值的错误理解，导致我们产生了错误的故事，把责任和赞美归咎于错误的对象。那么，为什么我们在日常生活中很少听说这种可能的回归效应呢？这是因为，尽管这是个普遍存在的概念，但它很少出现在大多数课堂讨论和新闻分析中，因此我们可能从来没有看到体育或财经版面的标题惊呼：“业绩下滑，回归均值的现象又出现了！”

部分原因是，接受回归效应，意味着承认在我们所经历的重要结果中，偶然性发挥了关键的作用。而人类天然地抵触随机性的概念，我们不愿意承认自己的努力结果是完全不可控的，或付出巨大的物质代价后获得的结果是不可控的。为此，我们宁可编造故事来解释好的或坏的结果，并希望这些解释能够确保我们持续获得好的结果，避开坏的结果。

忽视偶然性的作用，过度解读随机的波动，这只是人类基于经验的故事产生误导性的一种方式。还存在更多其他的方式，令我们基于经验的叙事和复杂的潜在因果关系发生冲突，而且这些因素，或许根本不需要通过极端的事件来体现。

忽略了时间的经验故事

在播下一粒种子的时候，我们知道，不应该期望立刻收获果实。同理，我们必须要提前规划事情、进行投资、坚持到底，并耐心地期待结果，才能够有所收获。我们都知道，这需要时间。

我们接受的教育也不会立即产生回报。我们必须思考，自己想要达成什么目标，然后运用所学的知识，对其进行投资，并一步一步地朝着终极目标努力，最终才有可能有所收获。正所谓“十年树木，百年树人”，教育及其带来的好处也需要时间。

同理，如果我们希望拥有健康的体魄，也不能指望一朝一夕实现。我们需要营养的膳食组合，需要定期的体育锻炼，投入时间和汗水，一点一点地打造理想的体型。良好的健康状态，同样需要时间来铸就。

在现实生活中，几乎所有具备价值的事情，都需要坚强的意志、长期的努力以及时间的累积。而当一种治疗方案或干预措施需要相当长的、不确定的时间周期才能实现其效果时，人们就很容易搞不清其中蕴含的因果关系。

譬如，经济是一个复杂的系统，我们对其过程的解读，大多数时候是不完美的，且往往需要比预期更长的时间来显示相关措施或行动的效果。例如，政府和其他机构采取了改善经济状况的措施，其后果很可能不会立即呈现出来。

许多政策可能需要进行昂贵的前期投资，才能在后期获得预期的结果，从而导致“先坏后好”的动态过程。例如，如果政府试图通过调整教育政策来降低失业率，那么当前的高价投资行为可能获得的任何预期效果，在一段较短时间内都不会出现。政策制定者和管理者播下种子，而果实的成长则需要时间。然而，我们往往倾向于将故事简单化，急不可耐地想要跳过发生真正变化所需的时间，从经验中总结出一个被大大缩略的故事，因此这些基于经验的故事往往被过度简化。

因此，我们遭遇的风险是：极可能得出错误的结论。例如，如果一项行动没有立即产生某种预期的后果，我们可能将其视为无效的；而如果某种结果的确产生了，我们往往会把它归功于最近采取的行动。因此，一个新当选的政治家，可以很容易地将经济或社会状况的积极变化归功于自己，哪怕这些功绩实际上是由前几届政府的行为取得的。同样的情况也适用于其他类型的组织中，如新聘用管理人员的情况。事实上，电影公司高管被解雇（或奖励）的案例，主要是基于当前的形势，也是用来论证忽略时间维度的经验故事的经典案例。如果我们无法意识到，事物需要时间才能够发展到一定的阶段，且极端情况回归到平均水平也需要时间，那么我们最终做出的选择可能是错误的。

事实上，生成这种罔顾时间规律的经验故事，往往阻碍我们建设美好的未来。处于权威地位的人通常已经知道人类倾向于从直接经验中学习，他们中的许多人，或许本身就存在这样的倾向，并可能采取相应的行动。为了确保自身的地位和身份，他们中的很多人，也可能会主动选择那些能够迅速产生可预测结果的便捷解决方案，哪怕其效果将远远逊色于长期解决方案的效果。

除非我们能确保经验故事准确地反映出事物发展所需的时间要素，否则我们就会发现自己一次又一次地奖励那些导致我们受困的不完美策略，因为这种现象已经屡屡发生。而这种做法，可能会导致身居高位者变得日益短视，因为他们学会了利用人类倾向于编造错误故事的缺陷，来谋求自身利益的实现。

就像忽视了随机性的经验故事那样，原因和结果之间的时间延迟，导致我们倾向于接受虚假的故事，这些经验故事提供的指导已经被证实会对关乎未来的决策产生有害的影响。但此类故事还在持续发生……

过度概括的经验故事

当你读到下面这些描述时，你的脑海中会立刻浮现出哪些形象、特征和情感？

民主党人。

共和党人。

首席执行官。

青少年。

来自（此处填入一个国家名称）的人。

从事（在此填入一个职业）的人。

你很可能会毫不费力地为这些人生成一些标签化的小故事。

人类大脑的直觉，喜欢节省时间和精力，因此它倾向于对事物进行分类，并为每个类别构建一个相应的简单故事。由此产生的刻板印象，往往包含一组形象、一系列特征，以及附着在这些形象上的好恶情感。

人类大脑中包含的许多刻板印象都是更广泛的文化所输入的：来自我们在家庭、社区、学校教育和媒体中遇到的故事、信仰、假设和态度。但是，个人经验也是一台产生刻板印象的机器。我们只需要与某一类人或某一类情况有一次或几次的接触，就能得出某些结论，并基于这些结论发展出概括性的故事，然后将它们纳入我们对现实的看法。

刻板印象，确实可以被证明是有用的。正如社会心理学家李·朱西姆（Lee Jussim）在《社会认知与社会现实》（*Social Perception and Social Reality*）一书中所报告的那样，在时间和信息匮乏的情况下，许多概括在统计上是准确的，并可以提供适当的指导性预测。

然而，当基于有限的个人经验的刻板观念掩盖了相关的细微差别，并导致绝对的结论时，问题就会出现。在刻板观念不可靠、只包含部分真实、完全主观或过时的情况下，经验无法提供有效的警示信息。更糟糕的是，一旦基于错误故事的刻板印象站稳脚跟，更多的类似经验就会让我们陷于其中无法自拔，有时甚至会损害我们自己的最佳利益。

例如，马尔科姆·格拉德威尔（Malcolm Gladwell）在《眨眼之间》（*Blink*）中，讨论了女性古典音乐家长期面临的职业问题。历史惯例、未遭受挑战的传统，以及决策者的个人观点，形成了强大的刻板观念，定义了乐团中管弦乐器演奏家的特点——许多乐团指挥认为，只有男性才能演奏得好。因此，管弦乐队很少雇用女性演奏者。正如经济学家克劳迪娅·戈尔丁（Claudia Goldin）和普林斯顿大学的塞西莉亚·劳斯（Cecilia Rouse）所观察到的那样："不仅在20世纪70年代之前女性演奏家的人数极少，而且许多拥有雇用新音乐家拍板权的音乐总监公开承认，他们认为女演奏家的音乐天赋较低。"

因此，几个世纪以来，许多杰出的女性演奏家被剥夺了公开演奏的机会，更多的女性很可能一开始就被劝阻不要成为音乐家。通过排除特定性别的人才，管弦乐队最终降低了其实现预期目标的能力，那就是聚集所需的人才，以期提供最高水平的音乐演出。

刻板印象的一个变体，是所谓的"光环效应"[①]（halo effect）——

① 一种影响人际知觉的因素，又称"晕轮效应"。一个人的某种品质，或一个物品的某种特性给人以非常好的印象。在这种印象的影响下，人们对这个人的其他品质，或这个物品的其他特性也会给予较好的评价。——编者注

我们倾向于根据个人经验，从刻板的故事中推断出关于特定情况的额外且毫无根据的结论。一个著名的例子是，人们普遍将吸引力作为其他理想特征（如可靠性和可信度）的预测因素，尽管它们之间缺乏任何客观或必然的联系。同样，专家对自己的主观信心也常常被当作其能力的指标。光环效应使我们认为，一个看起来、听起来和行动起来都无懈可击的人，是真的完美无瑕。

在《点球成金》(*Moneyball*) 一书中，作者迈克尔·刘易斯 (Michael Lewis) 描绘了自信的专家们，是如何倾向于根据球手肢体表现的无关因素，对他们的表现得出错误的结论的。专家们过于相信自己的眼睛，罔顾了“看棒球比赛时，有很多东西你是看不到的”这一客观事实。他们对某些球员未来表现的预测，也主要是根据最近的一些观察结果而迅速做出的。殊不知这些专家们不自觉地依赖刻板印象做出的结论，会被球探们坚持多年，并将这些不可靠的判断作为选材标准，进而人为地损害其组建最佳人才团队的努力。而这些自欺欺人的行为，会导致球队的效率低下，被对手利用并转化为获取名利的机会。

要让这些专家认识到自己思维中的缺陷是非常困难的——毕竟，他们可以自信满满地说，他们的观点是以个人多年的丰富经验为基础的。这些基于经验的故事，会影响到他们未来的选择，然后继续影响到之后形成的经验，从而进一步巩固了最初的成见和光环效应。因此，我们最终会促成这样一种情况：基于经验的错误故事，最终会成为现实，因为我们得出它们、相信它们并根据它们采取行动，它们就变成自我应验。

自我应验的经验故事

在1999年的电影《黑客帝国》（*The Matrix*）中，男主角尼奥拜访了先知，希望揭开等待他的未来。当他进入房间时，先知告诉他不要担心花瓶的事。这突如其来的警告，导致尼奥一个猛退，焦急地转过身来，撞到并打破了花瓶。他先表示歉意，并问先知是怎么知道会发生这样的事情的。

“真正该让你感到费解的是，如果我什么都没说，你还会不会打碎它呢？”先知说。

先知的警告，造成了它所预言的结果。这是一个“自证预言”[①]（self-fulfilling prophecy）。

在《哈利·波特》的系列故事中，邪恶的伏地魔根据预言采取行动。预言声称，有一个年轻的巫师会变得强大，并摧毁他。于是，他试图杀死小哈利，因为他觉得哈利就是被选中来毁灭自己的人。他杀害了哈利的家人，但最终未能杀掉他的主要目标。而这个悲惨的事件却成为了推动哈利毁灭伏地魔、成为英雄的动机，也为这个自证预言创造了先决条件。

这种错综复杂的事件，并不只发生在艺术、文学作品中。它们在现实生活中也导致了混乱。在《最年轻的科学》（*The Youngest*

---

① 是一种在心理学上常见的现象，意指人会不自觉地按已知的预言来行事，最终令预言发生。——编者注

Science）一书中，医生兼散文家刘易斯·托马斯（Lewis Thomas）描述了20世纪初某位医生的诊断能力，他因特别擅长诊断伤寒病而享有盛名。在当时的纽约，伤寒病是一种普遍存在的疾病。

在检查病人时，该医生会特别注意病人舌头的外观，他会非常仔细地检查病人的舌头，详细地触诊，以评估伤寒病存在的可能性。经过这些检查后，他往往会宣布病人患有伤寒病，但处于早期阶段。很不幸，在许多情况下，这一预言后来都被证明是正确的。

然而，没有人意识到，这个医生实际上是将伤寒病传播给病人的病源。这个医生自己都没有意识到这一点，但他近距离的接触式诊断才是导致许多病人染上伤寒病并最终因此丧命的根本原因。正如托马斯在书中写到的那样：“这个医生，是比伤寒玛丽（Typhoid Mary：伤寒带菌者）传染力更强的携带者，仅仅是通过双手，他就感染了无数人。”

无论是这个医生，还是接受其诊断的病人，从这段经验中获得的教训从始至终都是错误的。所有人都相信，这个医生是一个出色的诊断专家，但他们并没有意识到，恰恰是医生的行为导致了伤寒病的发生，所以他才能提供100%的准确预测。他们都接收了错误的故事，并付出了生命的代价。

那些做出预言的人能够根据自己的期望采取行动，从而影响事件的发展，并有时能够最终使自己的预言成真。但如果他们对自己预言的自我应验性缺乏认识，那么更多的经验并不能带来更好的理解，反而会进一步强化他们对预知天赋的错误信念。

自我应验的故事，可能发生在很多领域。例如，如果一些管理者将某些弱势群体视为懒惰、无知或可鄙的人，然后根据这些刻板印象采取行动（有意或无意），他们的行为就会加深弱势群体受困于这种情况的程度，导致问题进一步加剧。

企业管理者，在对员工的长处或短处存在先入为主看法的情况下，可能会采取强化这些看法的方式对待员工。他们可能会给特定的员工分配更容易或更难的任务，为他们提供不同程度的资源，以不同的标准解释他们的成就，并给予不同的积极或消极的反馈。这种歧视性行为，可能会助长不正常的反应，进而导致职场歧视。

同时，录用和晋升过程也为被选中的员工提供了机会和优势，而这些机会和优势是没有被选中的员工无法享有的。因此，当管理者的选拔被证明是成功的，管理者就会错误地把这种结果仅仅归因于他们在挑选和雇用有才华的员工和提拔合适的人选方面的非凡能力。

有些人认为，总的来说，自己善于快速判断他人。他们相信自己能够在短暂的见面后准确评估他人的性格和能力，并为此而感到自豪。然而这种自信很可能也是以自证预言的故事为基础的。如果他们对待他人的方式取决于对他人的第一印象，以及自己本身已有的刻板印象，那么他们的行为就会帮助这些先入为主的预判成为现实。如果他们在见到某人的那一刻就喜欢上了对方，那么他们可能会不遗余力地善待这个人，以讨喜和友好的行动作为回应，并得出“我早就知道会这样！”等沾沾自喜的结论。

每当这个循环在新认识的人身上重复时，同样的错误故事就会被强化。“我一直都有一双敏锐的眼睛，一眼就看出对方是什么样的人！”这是一个简单而又令人高兴的自我评价，但很可能是不准确的。

幸运的是，自证预言并不是时时刻刻都在发生，也不一定会造成伤害。但是，当它们发生时，经验并不能充分提醒它们的存在，反而会进一步强化它们的错误教训，而不是对其进行质疑和修正。此外，这种强化的过程往往以缓慢的速度推进，个人的错误信念也将在这个过程中不断增强。这就使人更难怀疑经验的教训了。但如果我们不质疑它们，我们就无法意识到自己可能存在问题。因此，我们会面临这样的危险：我们越来越相信自己拥有这样的能力，可以判断情况、判断他人。

如何创造真实的故事：
成为故事怀疑论者和故事科学家

人类确实有能力根据经验产生故事。这是一种近乎本能的做法，以至于我们几乎是在无意识中进行故事的创作。因此，当我们从经验中产生的故事，由于过于简单化、对因果关系的错误认识或误导性的过度概括而具有欺骗性的时候，如何识别谬误就变得至关重要。

那么，如何才能将我们与生俱来的讲故事的天赋，从一个潜在的弱点转化为更稳定可靠的优势呢？首先是成为一个故事怀疑论者。简单地说，就是不要沉迷于依据经验迅速而冲动地产生的故事。不幸的是，这说起来容易，做起来难。

你是否尝试过创作一个真实的故事：写一封情书、起草一篇演讲稿、用乐高搭建一个建筑、在脑海中创作一首曲子，或者用黏土雕塑一个物体？我们敢打赌，在完成之后，你一定会很喜欢它。人类天生喜欢自己创造的东西，这同样也适用于我们从经验中产生的故事。因此，怀疑这些故事，就等于怀疑我们自己。

故事的讲述，还具有说服性和团队建设的特性。对于领导者和企业家来说，写出引人入胜、令人信服的故事，并以优雅生动的散文与他人分享故事的能力常常被吹捧为一项重要技能。然而，一个故事具有吸引力，并不能保证其准确性。事实上，二者之间可能是负相关的，尤其是故事好到不真实的程度时，吸引力越大，故事的真实性可能越低。

虽然依靠故事来描述现实，在某些简单或可预测的情况下可能是有用的、适当的，但当我们用故事来指导生活、工作和其他复杂领域的重要决定时，它们就可能会产生欺骗性的误导。

而补救的方法就是，建议大家充分利用人类偏好整洁、优雅和简单故事的倾向，并以此作为触发质疑的点。如果某个故事太有魅力——太强大、太有说服力、太吸引人——这就是应该引起警惕的点，而不是做出决策的依据。这些故事背后，很有可能潜藏着更复杂的现实。尤为需要注意的是，每当我们想要将重要的决策建立在一个很有说服力的故事所传达的教训上时，我们最好在采取行动之前，三思而后行，并留意本章所概述的各类经验故事的陷阱。

《体育画报》的杂志封面，导致精英运动员的衰落？是个谬论！

一个伟大的领导，能够迅速地采取简单的行动，解决复杂的问题？不太可能！

我们仅凭第一印象，就能够很好地判断他人？值得怀疑！

当然，就像任何思维方式一样，故事怀疑论有时候也存在矫枉过正的现象。被100年前广泛存在的许多错误的故事和理论迷惑，科学史学家们有时候会采取一种过度怀疑的态度，这种态度被称为“科学史的悲观元归纳”。换句话说，就是他们认为，我们现在相信的故事，会不会在短短的100年后，被后人以同样质疑和驳斥的态度进行批判和揭露？如果这种怀疑主义走到极端，就会适得其反。我们可能会开始认为，既然不管怎么样，我们总会把事情搞错，为何还要去追寻真相呢？

如果运用得当，故事怀疑论可以成为一个辨别经验真伪的强大工具，并在持续的好奇心的驱动下，带来有用的后续发现。故事怀疑论要求我们提出问题、积极修正错误的假设，并不断去确定，通过经验感知到的因果关系中，哪些是应该被接受的，哪些是需要进一步审查的。在故事怀疑论者看来，叙事是更好地理解经验的途径，并非通往真理的明确捷径。

记者兼作家凯瑟琳·舒尔茨（Kathryn Schulz）在《失误》（*Being Wrong*）中提出，通过这种建设性的故事怀疑论，我们可以将悲观的元归纳转变为乐观的元归纳。我们会产生一种不断改进故事的冲动，使之更接近现实，特别是通过运用科学的方法，分析我们从经验中得出的教训，改进我们的重要决策。

然后，故事怀疑论者就自然而然地发展成故事科学家，即把经验的教训当作理论，尽可能通过实验来论证的决策者。

然而，通过实验论证经验，有违人类的天性。这是因为，似乎我们的经验越是强化一个故事，我们就越是深深地相信它，也就越不愿意通过实验来挑战它。即使是受过高等教育的专家，也很可能有这样的感觉。放血术的故事，已经充分体现了这一点。

为了抵消这种先天的倾向，采用反偏见的态度将非常有用，即在环境允许的情况下，随时准备好对假设进行验证。在《隐性动机》（*The Why Axis*）一书中，经济学家尤里·格尼茨（Uri Gneezy）和约翰·李斯特（John List）主张，在社会和经济决策中，可以使用随机对照实验作为“摆脱轶事和都市传说束缚”的手段。只有在更大的群体中，选定具有代表性的样本量，改变其故事的某个关键部分，然后仔细跟踪这种改变对经验结果产生的影响，我们才能对因果关系到底是如何运作的有一个更清晰的认识。这是对实验方法的简要描述，它也是大多数重要科学发现的核心方法。只要稍加巧思，它就可以应用于日常生活中。

例如，大多数知名交响乐团都找到了可应用的实验方法，来克服导致乐团排斥女性乐手的错误故事。首先，在招聘试镜时，不再依靠某一个人的判断，而是任命乐团的多名成员作为评委，以减少个人偏见对选拔结果的影响。其次，应聘者的姓名用数字代替，以掩盖其性别信息。最后，在评委和应聘者之间，放置一块帘子，以消除不相关的视觉线索干扰。这种简单而有效的测试方法，帮助乐团经理人抛开那些有偏见的错误和自证预言的故事。最终取得的成就是：当今世界上许多一流的乐团中，女性器乐手的比例比以往任何时候都高。

遗憾的是，在很多情况下，我们不可能进行这样的实验。例如，很多事件可能不会重复发生，且要求我们做出的决定是一次性的。鉴于无法观察到做出不同选择的平行宇宙可能取得什么不同的结果，我们只得依靠其他的思维方法，揭示无法亲身体验的事情（通常被称为反事实思维）。

反事实思维就是提出假定推测性问题。假设既定的原因不存在，会出现什么样的结果？如果决策者的做法不同，会发生什么？给定的结果，会一直发生吗？如果不是，数据显示其发生的概率是多少？什么样的新信息，能够证实一个给定的故事？什么样的证据，会反驳它？

在《远见》（*Farsighted*）一书中，作者史蒂文·约翰逊（Steven Johnson）回顾了各种形式的反事实思维可能发挥的作用，为其他可能被忽视的故事提供支持。所有这些方法，都是在做出重要决定之前，我们可以用来帮助规划知识和经验的方法。它们迫使决策者去想象当前状况下其他可能的解释，以及对未来可能发生事情的不同预测。它们都能诱发人们及时而适度的故事怀疑论，再加上故事科学家常用的客观研究，以及富有想象力的重新思考，以期实现激励人们挑战以经验为基础的固有信念，防止错误的因果故事成为迷信和传统。

例如，《体育画报》可以考虑换一个角度，改变其封面人物选择的标准：除了优中选优，挑选最巅峰的人登上封面之外，还可以找出那些恰好位于职业生涯低谷的人——例如，看似注定要进入超级碗，但最终却输掉了战绩的球队；突然失去了推杆，在一连串的比赛中都没能进入决赛的顶尖高尔夫球手；等等。然后邀请这些“失败者”登上杂志的封底内页。在随后的几个星期和几个月里，他们的表现会发生什么变化？虽然最终的成绩需要在现实中进行检测才能确定，但根据回归均值的现象，这些失败者中肯定会有一部分人的表现出现反弹。或许，多次看到封面人物的比赛成绩提升，会让球迷和专家们转而谈论“《体育画报》封底内页的成功魔法”。

倾向于预测未来的故事科学家，检验故事有效性的另一个方法，是利用新的工具来收集和分析统计证据——也就是我们通常说的大数据。

我们之前引用了迈克尔·刘易斯的《点球成金》一书，该书分析了过去的棒球球探在分析运动员技能时，是如何被有缺陷的故事所误导的。在棒球和其他运动项目中，利用统计分析结果来衡量运动员的真实技能并进行策略优化，最近已经改变了棒球赛的本质。在今天的体育界，由老练的球探和专家根据个人经验讲述的老故事，正在被计算机辅助统计分析形成的新的、更准确的评价所取代。

这是不是意味着，我们正在接近一个通过使用大数据，机器可以完成人类所有学习和思考的时代？我们是否应该相信，机器能在第一时间生成有效的故事，为我们正确地解读世界？

在《为什么：关于因果关系的新科学》（*The Book of Why*）一书

中，计算机科学家朱迪亚·珀尔（Judea Pearl）和作者达纳·麦肯齐（Dana Mackenzie）提出，计算机确实擅长在海量数据中寻找模式，并根据这些信息模式进行预测。但它们无法生成错综复杂的因果故事，因为它们不知道为什么一些模式和变量组合会带来比其他模式和组合更好的预测。识别可能的因果关系，发现其中的不准确之处，并在需要的时候求助于数据等工作，还是要靠我们人类来完成。因此，我们在从经验中学习时，可以尽量只提出正确的问题，然后利用机器帮助我们测试这些问题是否有用。

例如，当谈到自证预言时，我们可以尝试确定，一个给定的情况与一个自证预言实际上是不可能的情况，存在多大程度的概念区别。

气象学就是这样一个领域。气象学是一个复杂的领域，但这是一个相对友好的学习环境，因为气象学家总能从反馈中吸取正确的教训。他们预测天气，然后观察会发生什么。除非某些气象学家已经发展出影响环境条件的特殊能力，否则他们的预测永远无法影响未来的天气。因此，他们的故事，不可能自圆其说。所以，每当我们试图从自己所做的预测结果中学习经验教训的时候，我们可以问：这种活动，是像气象学一样吗？或者说，这是一种我们可以在某种程度上影响预测结果的情况吗？

领导、治理、管理、雇用和认识新的人，不是气象学。在我们意识到它们不是气象学之后，我们就可以调查自己在所经历的结果中可能扮演了什么角色，从而避免被自证预言欺骗的风险。

本章小结

什么是缺失的？什么是不相关的？

作为会讲故事、擅长讲故事的动物，人类习惯性地用故事来帮助理解因果关系。在特定的情况下会发生什么？为什么？故事是总结、分享和记住经验教训的有效方式。但是，在充满复杂性和不确定的情况下，故事往往会过度简化或扭曲现实，导致我们做出错误的决定。

随机性经验故事中不相关的模式。人类热衷于找出“原因”，即使是在处理那些随机的，或由太复杂的因素形成的现象时，也是如此。而后果是，我们最终可能会学习和强化一个并不存在的虚假教训。

缺失的时间元素。我们以经验为基础的故事，往往低估了事情生效所需的时间。前因后果之间的延迟，使得做出有效推论的过程变得复杂，并可能导致奖惩行为在错误的对象身上实施。

不相关的过度概括。根据我们有限的个人经验，很容易形成错误的成见和不准确的光环效应。然而，在瞬息万变的现实世界中，这种过度概括往往是不可靠的、过时的。

不相关的自我应验。有时，我们可以通过采取相应的行动来实现自己的期望和预测。忽视了这种可能性，就会使我们看待自身决策能力的方式产生偏差。为了检测可能存在的自证预言，我们不妨问问：这是不是像气象学一样？

缺失的反事实思维。质疑立即出现的、基于经验的故事是有好处的。做一个故事怀疑论者，比做一个质疑一切的故事愤青更有建设性，因为它可以帮助我们成为一个故事科学家。这种方法将涉及使用实验、反事实思维和数据，来挑战和检验现有叙事所依据的前提，并制定更完整和准确的新叙事。

将经验转化为故事，然后将这些故事编纂成可控制未来行为的教训，是人类难以抗拒的本能冲动。但我们也可以将这种讲故事的危险本能转变成有效的方法，从而更好地帮助我们理解和适应复杂而难以捉摸的世界和现实。

LOST INSIGHTS

第二章

丢失的洞察力

当经验束缚了创造的潜力时，我们要有意识地设计出相应的机制来利用经验的力量

想象一个备受欢迎的成功创意。

《哈利·波特》就是一个现成的例子，此外，还有谷歌搜索、个人电脑等。毫无疑问，这些都是备受欢迎和好评的创意概念，它们帮助塑造了我们在21世纪的生活和文化。

现在试着列举一下你所想到的创意成功背后的各种因素，因为其成功必然会得益于很多原因。请注意，你想出这些原因的过程，是不是出人意料地轻松？

比如《哈利·波特》系列故事，将我们带入了一个神奇的世界，讲述了一个弱小的英雄与读者一起成长和进步的故事。不同年龄段的观众都能在这个传奇中找到适合自己的东西：友谊、冒险、奋斗、爱、恨、善、恶。整个系列的故事写得很好，有悬疑、惊险、奇迹、幽默等元素。作者J.K.罗琳是一个单亲妈妈、一个长期奋斗的作

家，她追求成功的过程也很鼓舞人心。我们还能列出更多成功的因素……

谷歌的搜索引擎，让我们在几秒钟内就能准确地在网上找到要找的信息。从这项简单而又强大的搜索服务开始，谷歌的服务已经扩展到各种基本的在线服务，从电子邮件和云端存储空间，到营销和广告工具、文档创建和共享、旅行者的地图工具，等等。其获得成功的因素，也不胜枚举……

个人电脑是现代人不可缺少的装备，也是无处不在的物品。图形化的用户界面、直观的图标、通过点击和链接就能实现的轻松导航、让一切尽在指尖的鼠标或触控板，从小孩到退休人员都能掌握其使用和操作。再加上强大的互联网，个人电脑可以轻松地将我们带入一个包括音乐、图像、文学、艺术、视频、科学和个人联系的融交流、信息、娱乐和体验为一体的线上世界，重新定义了世界各地的人进行工作、娱乐和交流的方式。其获得成功的因素，同样不胜枚举……

鉴于我们亲身体验过这些创意的好处，它们获得成功的理由也都是显而易见的，我们能够不费吹灰之力地进行列举。事实上，同样的过程，适用于任何流行和成功的想法。我们往往可以比较轻松地理解、分析、解释和交流这些创造性的成功故事，因此，我们应该努力从它们的成功中学习经验教训。

听起来很棒！但会有什么问题呢?

不幸的是，这些新创意的经验，最终会扭曲我们对创意的直觉，从而束缚我们自身的创意潜力。

要想知道这种情况是如何发生的，请穿越到一个这些体验还没有出现的时代，穿越到这些想法都已经被构思出来但还没有显露成就的时刻。并试着想象一下，该领域大多数有经验的专业人士，第一次听到这个想法时的感受。当然，如果推动一个想法的流行和成功的多种原因现在对我们来说是无比明显的话，那么那个时期的专家也应该马上就能看出其中的许多成功因素。他们的经验，是不是就应该能够帮助他们更好地预见最终的结果，做出更好的决策，并从中获利？

其实不然。

无论你在本章开始时想的是什么想法，越是创新、越是有创意，就越可能与人们在该领域的既有经验发生冲突。而这种冲突就意味着，这个想法在大红大紫的前一刻，一定会被该领域的许多专家拒绝或忽视。

在《哈利·波特》系列取得成功之前，出版商们并没有在罗琳撰写第一本《哈利·波特》的爱丁堡的咖啡馆门口排队争取版权。相反，《哈里·波特》系列的第一个故事，就遭到了无情的拒绝，不是一次、两次，而是十几次被声名显赫的编辑和出版商拒绝了。虽然这些编辑和出版商在世界范围内享有声誉，并最终也从《哈里·波特》系列故事中赚得盆满钵满，事实上，哪怕是最终决定冒险出版这个故事的出版商，一开始也不看好其前景。据报道，总部位于伦敦的布卢姆斯伯里（Bloomsbury）出版商向J.K.罗琳支付了一笔不高的预付款，并且仅仅印制了500本《哈利·波特与魔法石》（这些罕见的初印版本，现在每本价值约数千美元）。他们在出版业的丰富经验，事实上导致他们低估了《哈利·波特》的惊人市场潜力。

20世纪90年代末，当谢尔盖·布林（Sergey Brin）和拉里·佩奇（Larry Page）提出谷歌背后的搜索方法论时，当时的互联网巨头们同意与他们会面。当时，这些旨在推动网络搜索市场发展的投资者和专家们，有机会采取竞标购买谷歌这个很快就会导致他们破产，并在未来几十年内主导互联网领域的想法。谷歌在随后的短短几年内，市值升至十亿美元，成为全球最有价值的公司之一。

但是，当谷歌的创始人要求这些参会者为谷歌的新技术支付160万美元时，所有出席的企业代表都拒绝了这个在他们看来过高的价格。这个故事再一次证明，互联网和搜索技术方面的丰富经验，对于判断谷歌的惊人市场潜力来说，同样是一个糟糕的指导。即使谷歌公司有远见卓识的创造者，也一定没有完全领悟到其潜力，因为当时他们提出的出售价格，不过占谷歌几年后价值的极小部分。

早在20世纪70年代末，文档技术巨头施乐公司的一个研发部门——帕洛阿尔托研究中心（PARC），设计出第一台带有图形用户界面的个人电脑，包括鼠标和屏幕上的交互式图标，公司高层并没有庆祝这项发明。他们没有迅速行动起来将这个项目商业化，并利用它来实现对计算机新兴营销的主导权，而是把它仅仅当作是一种好奇的探索。他们甚至向包括年轻的史蒂夫·乔布斯（Steve Jobs）在内的一群外部人士详细演示了它。乔布斯迅速地在第一台苹果电脑中采用了其关键创新。施乐公司在商用机器方面的经验，在判断现代个人电脑的惊人市场潜力方面，同样是一个糟糕的指南。

但是，我们需要公正地评价施乐公司。早在一代人之前，施乐公司对上一代的技术突破提出了卓越的预见。当物理学家、专利律师切斯特·卡尔森（Chester Carlson）在20世纪40年代首次开发出复印技术时，施乐是唯一一家看到这个想法潜力的公司，此前包括美国通用电气公司（GE）和IBM在内的几十家实力雄厚的大型商用机器制造商，都拒绝了这个技术。事实证明，这些公司在商业技术方面的丰富经验，成为了对复印技术的惊人市场潜力识别的一个糟糕束缚。

施乐公司的案例还表明，成功识别一项突破性技术的历史经验，并不能保证在另一项突破性技术出现时，也有能力识别它。而在这个案例中，具有图形用户界面的个人计算机，并不是外部呈现到施乐公司面前的，是施乐公司内部的部门发明了它。

因此，在创造力方面，我们的学习环境是恶劣的。某一领域的经验，并不能赋予我们识别该领域新思想潜力的能力。任何领域的创新，都可能带来颠覆性的变化，这与历史的经验教训相互矛盾，导致过往的经验变得不可靠。

但是，由于过去和未来之间的差异而导致的基于经验的远见缺乏，只是问题的一部分。还有一个问题是，关于创新的想法如何演变的细节缺失，进一步导致人们无法理解创新想法究竟是如何产生的。

当创新的想法变得流行和成功时，关于创新的许多细节和过程在其消费者的经验中严重缺失了。“一夜成功”成为传奇——在获得最终的成功之前，长达数月或数年的艰苦合作、实验性的磕磕绊绊、失败和重新设计，往往被突如其来的盛名掩盖。因此，我们往往不能意识到，创意、创新和创业的过程，往往看起来比它们的结果更复杂、更不可预测。这反过来又会对我们在学校、办公室和社会生活中设计创新过程的方式产生不利影响，这会永远限制我们的创造力。

我们成为了更糟糕的判断者，却是更好的创意创造者，且程度远远超乎我们基于经验的判断。一旦我们认识到经验会以不同的方式阻碍我们认识机会和产生创意，我们就有希望设计出相应的机制，利用它的力量，而不是落入它的陷阱。

评判想法时缺乏远见

过去与未来越不相似，以往有用的经验越不能预测未来会发生什么。鉴于创新的本质就是驱动过去和未来的差异，一个想法越具有创造性，就越不可能根据过去发生的事情来准确评估其对未来的影响。

因此，许多富有创造性的项目注定会被缺乏远见的把控者所拒绝。这已经体现在一些例子上——《哈利·波特》、谷歌、现代个人电脑以及复印技术，然而也绝不仅仅是这些。

最近，共享住宿服务领域的巨头爱彼迎的创始人公布了他们收到的5位潜在投资者的拒绝信。5封信都表示他们不认为这个想法存在任何发展潜力，还有两个潜在的投资人甚至没有回复。

尽管大多数人不愿意公开，每个经验丰富的投资者在过去至少都会做过类似的错误判断。美国的柏尚风险投资公司（BVP）是个例外，该公司在其公司网站上大胆地展示了“反投资组合”。他们列出了公司经过仔细考虑后决定进行的投资，包括苹果、易趣（eBay）、脸书、联邦快递、谷歌、英特尔、贝宝（Paypal）和特斯拉等。哪怕许多经验丰富的投资者认为这些创意不可能获得成功，而事实也证明，它们很快就大获成功了。

然而实际的情况，比这些零散的例子所显示的还要糟糕。我们只知道这些在被拒绝之后仍然获得成功的公司，那么其他被拒绝之后，没有再继续实施的有潜力想法又有多少？无数这样的“失败”没有被我们关注和观察到，因此它们没有成为可用经验的一部分。而那些被采纳并获得资助，但不久后又失败了的想法呢？在大多数情况下，这些想法的提出者和支持他们的投资者，都倾向于掩盖这些经验。因此，许多看似成功、实际失败的例子，也从我们的经验中消失了。

这些失真的信息，必然会使我们过度推崇或美化那些最终取得成功的想法。因此，我们忽视了这样一个现实，即我们看到的成功案例，可能与以往许多的失败并没有太大区别。

事实上，正如我们所见，创造者本身也无法避免缺乏远见的情况。即使像谷歌和施乐这样有远见的公司，也无法清楚地看到其公司内部创意的巨大潜力。这两家公司，仍然幸运地通过投资创意实现了繁荣，但那些没有在最初想法中开发出最具潜力创意的创造者，最终怎么样了呢？最近的研究结果表明，我们并不擅长从自己的项目中选出最优秀的那一个。

柯达就是一个典型的例子，它在1975年率先推出了数码相机。但柯达的管理者们，并没有优先发展这个项目。相反，他们在评估这项新技术的潜力以及它占领市场的速度时，过于依赖自己在胶片摄影方面的经验。最终，柯达不仅错失了一个占领市场的机会，反而成为了自己最先发明的技术的受害者，遭受了巨大的损失。

由于这些原因，那些以我们的观察和过去知识为基础的经验，对于判断一个创新的想法会如何塑造未来，将是一个不可靠的指南。

为了解决缺乏远见的问题，一些创新产业已经开始寻找减少经验丰富的“控制者”的影响力的方法。例如，自助出版出现了爆炸式增长。得益于新的数字渠道，消费者能够自主决定一本书的市场潜力，而不是把是否应该出版的决定权留给少数几个编辑。众筹网站也使得想创业的人有机会从数十万支持者那里获得小额投资，让他们有可能在不依赖专业投资者的情况下，推出产品或业务。所有这些领域的创造者，都在试图绕过少数决策者由经验塑造的直觉，来更好地掌握自己的命运。

评判想法时不重视过程

对于《哈利·波特》系列自推出第一部大受欢迎后的发展过程，我们现在已经很明了。我们对谷歌首次建立网站后的飞速发展，也有很好的了解。我们很多人，都亲眼目睹了个人电脑行业的飞速发展。我们从经验中吸取的教训，非常清晰地展示了一个创新想法在广泛流行和成功之后会发生的所有事件。它们最终的成功，在事后看来是生动的、必然的、浅显的。但这只是冰山一角，其余大部分是隐藏在观察之外的。

最初的概念是什么？它是如何随着时间发展的？谁参与其中，

他们又是如何对这一演变做出贡献的？经验掩盖了这些实际上构成了大部分创造过程的细节。创新的想法，永远都会随着时间推移而逐渐地发生变化。不承认发展的复杂性，会使我们对创造力的看法产生偏差，也会使我们对真正推动某些想法发挥最大潜力的东西产生偏见。

以皮克斯为例，它在动画方面获得的成功是不可否认的。毫无疑问，它制作了一部又一部的大片，彻底改变了整个电影制作行业。但它们的想法真的很好吗？

想象一下，在一部电影中，一只老鼠拉扯一个笨手笨脚的家伙的头发，烹饪美味的法国食物。这听起来像是能大卖的影片吗？我们敢打赌，大多数真正喜欢2007年动画《料理鼠王》（*Ratatouille*）的人，也曾对这个想法的潜力表示怀疑。在《飞屋环游记》（*Up*）中，一个暴脾气老人的房子在派对气球的帮助下飞起来；在《机器人总动员》（*Walle*）中，一个像盒子一样不会说话的机器人，在废弃的地球上捡垃圾。乍一看，这些并不像是伟大的剧本创意，但皮克斯在创作过程中一丝不苟，用令人印象深刻的方式，使得这些创意变成了斩获奥斯卡的影片。但这个过程，观众是无法体会的，仅凭浅显模糊的认识，我们很难理解皮克斯的天才创意。

这就是为什么计算机科学家、皮克斯和华特迪士尼动画工作室前总裁埃德·卡特穆尔（Ed Catmull）认为，创意的想法与它们随后所经历的过程相比，并不重要。创造和维护一个善意的工作环境并不是一件小事，在这个环境中，拥有不同技能的人可以和谐地一起工作，彼此开诚布公地交流，改进彼此的想法，在问题出现之前进行防范，并从过去的经历中吸取正确的教训。皮克斯真正的成功，在于他创造并培育了这个复杂的电影生态系统。

但我们大多数人，看不到隐藏在海面下的这些冰山。相反，我们在创造力方面的经验，通常会导致我们盲目地追逐和推崇那些最终成功的结果和少数光鲜的创造者，而忽视了由大量具有创新精神的人和敢于冒险的企业家在复杂又艰难的过程中默默付出的重要性。如果没有这些过程，我们喜欢的创意就不会存在。

一个想法在流行和成功之前发生的事情，在经验中经常被忽略，而在成功之后发生的事情则被不断地强调。也因此而使得创造力看起来比它实际的样子更加神秘而独特，这反过来会耽误我们自己创造和发展想法的动机。

逃出经验教训的牢笼反而有可能会让我们意识到，自己的天赋可能并不比那些有突破性想法的人差。所以，我们不用太担心自己的想法会受到怎样的评判，反而应该集中精力去设计和实施更好的创造性流程。

创造想法时的原创错觉

假设你正在尝试解决的一个问题，可能会推动新企业、新方法或新产品的出现。你或许想要设计一个能够专门帮助人们学习新东西的应用程序，一个提高公司员工绩效的系统，或者一个能帮助人们快速而轻松地解决常见问题的服务。关键是，你在尝试用一种新的方式做事。你想确保你的创新是空前的；它必须是你的，必须是原创的。

但当你真正着手研究这个主题时，会发现这个问题之前已经被别人探索和解决了。你的想法似乎都不是原创的。这相当令人失望——并让你感到相当沮丧和无助。

然而，在摸索任何想法或解决方法的过程中，原创性到底该有多重要呢？原创，意味着创新想法的起源，应该是整个过程的重中之重。创造者应该是洞察力的主要来源，其召唤的创意是其他人无法想象的。经验的教训强化了这一观点，因为我们经常观察到一些有远见的创造者创造出的华丽的创新成果。

但实际上，世界上大多数重要的、未解决的问题，是相当复杂的，而且通常有很多人同时在独立研究这些问题。问题越复杂，一个人就越不可能凭借自己的经验和知识，以创新的方式予以解决。

假设原创性对创造力至关重要这个错误的前提，就给那些想解决问题的人造成了束缚。这将迫使他们在很大程度上或完全依赖于个人的经验。在这样一个寻找解决方法的情境下，他人的想法就会被忽视。创造者觉得有必要重新改进的解决方案的某些方面，可能已经被其他专家发明和改进过了。

结果，过分强调原创性，虽然表面上得到了身边的创意经验的支持，实际上恰好与创新的本质背道而驰。研发人员和其他创意专家甚至给这种趋势起了许多名字，包括“非我发明症”和“做无用功症”。不管名称是什么，它都会导致创新者不必要地忽视或拒绝有价值的想法，原因仅仅是其他人先想到了它。

在《论剽窃》(*Little Book of Plagiarism*)中，法学家兼作家理查德·波斯纳(Richard Posner)阐述了过去的人是如何借鉴他人的观点的。他提到，在莎士比亚时代，创造力更多地与模仿和改进联系在一起，而不是与原创性。事实上，心理学家兼作家亚当·格兰特(Adam Grant)在《离经叛道》(*Originals*)一书中说道："没有什么是完全原创的，因为我们的想法会为我们从周围世界学到的东西所影响。不管是有意还是无意，我们都在不断地借用他人的思想。"因此，他认为原创是"在特定领域内，介绍和推进一个相对不寻常且具备改进潜力的想法"。

同样，在纪录片系列《一切都是混搭》(*Everything Is a Remix*)中，柯比·弗格森(Kirby Ferguson)提出，周围的环境在多大程度上是对过去的复杂重塑和重新设计。他指出，如果没有前车之鉴，就不可能有各种各样的突破性想法和解决方案。

此类例子数不胜数，古腾堡的印刷机是革命性的，但是，用于制造第一台机械印刷机的零件，早在多年前就出现了。

汽车和第一次大批量生产的装配线，并不是亨利·福特(Henry Ford)的首创。在20世纪的不同时期，其他工程师和企业家已经设计出现代装配线的各种元素。但福特的创新在于，以最有效的方式将它们结合起来，最终推出了T型车，并将汽车从一种专属的奢侈品转变为一种标准产品，使数百万普通民众都能买得起。

爱迪生发明的灯泡，也不是世界上的第一个灯泡，但它是对以往许多设计的改进，也是最具商业可行性的成品。另外，爱迪生确实发明了留声机，但其最初的设计，并没有多大实际用处。但是其他发明家，包括亚历山大·格雷厄姆·贝尔（Alexander Graham Bell）和埃米尔·贝利纳（Emile Berliner）将它改进成为第一台唱盘留声机，使得披头士和碧昂丝的歌能被大众收听，并借此声名鹊起。

这些例子代表了突破性想法的标准：大部分主要组件和机制不一定是全新的。伟大的创新者通常会谨慎地采纳他人的见解，并将其进行整合或改造，以求为当前的问题提供新颖的解决方案。

艾萨克·牛顿（Isaac Newton）被公认为有史以来最具创造力的思想家之一，他在一封著名的信中也表达了这一观点，他写道："如果说我看得远，那是因为我站在巨人的肩膀上。"事实上，他这句著名的论述本身，就是一种借鉴性的创新。牛顿从5个世纪前出版的一篇文章中借用了这一观点，并对其进行了简化。

企业家兼作家戴维·科得·莫瑞（David Kord Murray）在《如何打造你的爆款创意》（*Borrowing Brilliance*）一书中，阐述了在创新时从他人的经验中受益的过程，这与牛顿的智慧和弗格森的分析相一致。他认为，决定这种以借鉴为形式的知识转移能否成功的一个重要因素，是距离。

如果我们借鉴了身边人的想法，比如同类的竞争对手，那么这种行为可能被视为偷窃。例如，当Windows为其图形用户界面修改了Mac的设计时，苹果公司以侵犯版权为由对其提起诉讼。史上最具影响力的摇滚乐队之一"齐柏林飞艇"（Led Zeppelin）被指控剽窃其他音乐家的旋律和歌词，且没有适当标明出处。

但是，如果一个人从远端的领域借鉴，比如另一个知识领域，那么就可以被称为创造性天才。查尔斯·达尔文（Charles Darwin）的进化论思想，是受到地质学家查尔斯·莱尔（Charles Lyell）和詹姆斯·赫顿（James Hutton）著作的启发。谷歌早期的网页评级算法，即通过分析一个网页的链接来确定其相对重要性，这个系统借鉴了学术领域中计算被援引著作学术价值的方法。

当原创需要完全依赖于我们有限的个人经验时，创造力并不一定需要受限于此。因此，为了能够合法、有效地借鉴他人的见解和经验，我们可能需要把注意力从我们关注的问题上转移开，开拓我们的视野，寻找新的联系和隐藏的机会。然而，我们积累的经验也可能会影响我们的专注力，并阻碍这种创造性的探索。

创造想法时视野狭窄

在某一领域的经验和熟悉程度，是否会导致我们的关注点和方法变得僵化，从而导致我们察觉意外机会的能力受阻？这个问题的答案，不能一刀切。

人类的注意力是有限的。这可能会导致所谓的“非注意盲视”（inattentional blindness）——当我们特别关注某样东西，且当经验强化这种关注时，我们通常会因为忽视某个显而易见的细节，而导致错过机会的一种现象。这个概念，因心理学家丹尼尔·J. 西蒙斯（Daniel J. Simons）和克里斯托弗·F. 查布利斯（Christopher F. Chabris）的“看不见大猩猩”实验而广为人知。

在他们的实验中，参与者被要求观看一段视频，视频中有两组穿着不同颜色衬衫的学生在传球。参与者的任务，是计算其中一组的传球次数。在观看这个练习的过程中，一个穿着大猩猩服装的人走过屏幕，甚至对着镜头做手势。结果表明，大多数参与者都正确地计算了传球次数，但许多人却没有注意到大猩猩。他们甚至完全没有注意到大猩猩的存在。

反之亦然，当参加实验的人，被要求在大猩猩穿过屏幕时看着它（同时计算传球次数）。结果，他们很难正确计算传球的次数。过度关注一个细节，将导致我们忽视另一个细节。

在后续的研究中，研究人员表明，在篮球方面有经验和专业技能的人，在准确地计算传球次数的同时，更有可能注意到大猩猩。与没有篮球经验的人相比，他们更能自由地专注于特定任务之外的事情。所以，在某些情况下，经验实际上可能会帮助我们调整注意力，发现意外的细节。这是个好消息。但它总是有效的吗？当我们面临真正的问题时，会发生什么？

最近的一项类似实验，比较了放射科医生和非放射科医生的关注力表现。两组人都观看了一些肺部扫描图，其中一些扫描图上，画着一个小的黑白相间大猩猩。值得庆幸的是，在发现癌组织这方面，放射科医生的表现比非放射科医生要好得多，他们也更容易发现图片上的大猩猩。但在发现大猩猩方面，两组人的表现差别并不大：在观看扫描图寻找癌症迹象时，24位放射科的专家中，有20位没看见大猩猩。眼睛的追踪数据进一步显示，尽管许多人的眼睛看到了大猩猩所在的区域，但他们还是没注意到大猩猩。

这些研究，为我们理解专注与创造力之间的关系提供了什么启发?

当我们从事一项创造性的工作时，无论是涉及艺术想象力、问题的解决，还是摆脱困境，我们关注的广度会不断受到“大猩猩”的测试。当然，这里指的并不是真实存在的动物，而是意想不到的联系或机会，它们能够在我们进行创造性挑战时，为我们提供新的线索。实验结果表明，在一个特定领域拥有更多的经验可能有助于拓宽注意力的广度，从而增加发现新机会的能力，但这样的结果并不能确保会发生。

另外，经验至少还会以下面两种方式导致我们的注意力过于僵化，阻碍创造性洞察力的发掘。

一是我们“功能固着”（functional fixedness）的倾向，也就是在心理上，只了解某些物品或工具的主要使用方式的倾向。在最著名的一个实验中，人们需要用硬纸板盒里的一堆杂物——绳子、图钉、火柴等，把蜡烛固定在墙上。大多数人可能很难在第一时间反应过来，意识到装这些东西的纸板箱其实也可以作为放置蜡烛的平台。功能固着的倾向，使我们很容易忽略一个特定的物体可以有多种功能的事实。

特别是在发展迅速的领域，如果经验导致我们只关注事物的特定方面，或某些特定的功能，我们可能无法有效地适应新的发展需求。在一个想法可能会导致各类意想不到后果的世界中，我们惯用的思维定式和行为方式，可能会导致我们无法将意想不到的事情当成一个机会。因此，当经验告诉我们要特别专注于某种事物时，对该事物全身心的关注反而可能会妨碍我们挖掘想法的全部潜力。

二是通过产生所谓的能力陷阱（competency traps），经验会进一步限制我们的创造性。管理学者哈奇尔·拉曼达（Hazhir Rahmandad）、纳尔逊·雷佩宁（Nelson P. Repenning）和约翰·D. 斯特曼（John D. Sterman）解释说:“重复和实践可以培养能力，但由此形成的习惯、惯性，也会阻碍对未尝试过的和可能更好的选择的探索，包括可能听起来有点相互矛盾的改进本身。”

当我们在某件事情上越做越好的时候，实验和尝试其他解决方案的机会成本将不可避免地增加。但如果环境发生了快速而剧烈的变化，我们可能会拘泥于基于经验的常规和专业知识，导致长期表现的下滑。因为“核心能力变成了核心的僵化”，这样的陷阱会让适应新环境变得更加困难。

在很多情况下，非注意盲视、功能固着和专业能力都具备重要的优势。它们能让我们的决策变得高效、有效，而且它们都会随着经验的增加而得到强化。

但同时，它们也存在重要的局限性，这些倾向也会限制我们的创造力。当经验的教训学得太好时，它们会通过缩小我们的关注点，使我们对创造性的机会视而不见，把我们限制在熟悉的物体功能和想法上，并同时提高探索的成本，将我们困在自己的能力范围内。

发掘洞察力：
留出自主的时间和空间

毫无疑问，要想提出新颖的解决方案和有价值的改进措施，对一个问题或一项任务有一定熟悉也是不可或缺的。J.K.罗琳在第一部《哈利·波特》最终出版之前，已经持续创作了很多年。这些年的磨炼帮助她打磨了写作技能，使她能够写出一本有独特的人物、主题和背景的书，并得到数百万粉丝的喜欢。同样，在施乐公司的帕洛阿尔托研究中心和谷歌搜索引擎上，开发图形用户界面的技术专家们也在使用过去的学习和实验生涯磨炼出来的技能。经验可以增加我们的创造力，前提是我们能以最佳方式使用它、组织它、思考它。

那么，我们如何才能优化经验，以提高创造力呢？

为了发现需要关注的问题，通过将别人的经验融入我们自己的经验中提出更好的解决方案，并调节自身的关注点识别意想不到的机会，我们需要一些可以自主管理的时间和空间。理想情况下，这还应该包括自主设定目标、探索不同的想法、获得个人的反馈等操作。如果我们能够这么做，发现和创造的过程就会变得很有趣。

当你全身心投入喜欢的事情时，是不是忘却了时间和空间，完全忘记了查看手机或信息？可能当时的你正沉迷于运动或艺术创作，甚至在埋头给所爱的人写一封亲密的情书。如果你有过这种感觉，那么你就经历了心理学家米哈伊·奇克森特米哈伊（Mihály Csíkszentmihályi）所说的心流（flow）。

当一个人全身心地投入一项高要求的任务，并能够在这个过程中即时获得频繁而准确的反馈时，心流就会产生。各个领域和场景下的心流现象都已经得到了研究，得到最多关注和研究的领域是体育运动领域。当心流现象发生时，运动员可以达到极致的专注和表现水平。心流也被视为创造过程的巅峰表现。心理学家将心流与更高的生活满意度联系起来，并将其称为“最优体验”。心流是一种能够培养创造力的体验。当我们全身心地投入一项活动，并对其产生强烈的激情时，心流现象就更容易出现。

在《让天赋自由》（*The Element*）一书中，教育学者肯·罗宾逊（Ken Robinson）和作家卢·阿罗尼卡（Lou Aronica）研究了那些成功找到生活主要激情（他们的生活元素）之后，追求快乐人生的人。他们展示了来自不同背景和领域的成功创意人士，如作曲家保罗·麦卡特尼（Paul McCartney）、喜剧演员和作家约翰·克莱斯（John Cleese）、漫画家马特·格罗宁（Matt Groening）、舞蹈家和编舞家吉利安·林恩（Gillian Lynne）、音乐家米克·弗利特伍德（Mick Fleetwood）等。他们不一定是好学生，在学校时也不一定被老师视为有创意的学生，但他们显然很有才华，也足够幸运地发现并磨炼了自己在生活中的能力和激情，尽管他们就读的学校并不支持他们对这种激情的追求。罗宾逊和阿罗尼卡引用诺贝尔经济学奖得主保罗·萨缪尔森（Paul Samuelson）的话说，我们“永远不要低估在生命早期，找到对个人来说像游戏一般乐在其中之事的重要性。它能把潜在的失败者，变成快乐的战士”。虽然这么做不一定能保证人生的成功，但追求的过程会变得更加个性化、有趣和愉快。

然而不幸的是，我们中的许多人，事实上并没有太多的时间和空间去寻找、发现和追求自己的各种激情，即使这样做能让我们在当前的任务中表现得更好，无论是作为学生、艺术家、科学家、员工还是企业家。因为这种重要探索往往需要实验、追踪、试错、拒绝和失败，但这在很多人的人生经历中都是缺失的，这不仅损害了他们的创造潜力，也损害了他们的整体幸福感。

应对这个问题的一个策略，就是在试图打造创造性环境的过程中，为个体提供一些个人的时间和空间，包括在社会生活中、工作中和课堂上。人们可以自由地利用（或不利用）这些时间和空间，来发现问题、尝试事物、注意事物间的联系，并进行偶然的发现。为了达到这个目的，这些环境的管理者（教师、经营者、企业所有者）需要在保障大部分既定流程运作顺畅的同时，适当地让出一些控制权，鼓励个体去探寻意想不到的机会。做到这一点当然不容易，但仍是有可能实现的。

几年前，我们（作者）中的一个人会定期参加合气道班。在这门武术培训课程中，学员之间的熟练程度差异很大，从大师到新手都有。但除了那些系着黑带的人，学员之间的水平差异在一开始并不明显。

然而这门武术课给了大家一次意想不到的体验。乍一看，这就是一门普通的课外兴趣培训班，所有人都待在一个宽敞的道场里，计划从这个环境的主人（我们的教练），也从彼此身上学习。但是一旦课程开始，一切都变了：包括教练在内，没人再讲话。

合气道倡导顺势而为、借力打力，即利用对手的攻势进行反击。这个思路很好，但要确保反击的效果，在一个动作中，身体的各个部分必须同步工作，否则这个借势的过程就会中断，无法实现有效反击。学员们必须充分理解这个招式，小心翼翼地练习这些技巧，直到随着时间的推移，这些技巧成为他们的第二天性。就像骑自行车那样，只有反复练习，才能确保真正掌握合气道。然而，与骑自行车不同的是，这个过程涉及了与他人的协作和互动。

在这样一个充满互动的环境中，在完全不提供任何口头指令的情况下，教授这样一套复杂的技能，一开始看起来非常奇怪。教练没有口头描述学生们需要学习的招式，而是直接要求一个学员出列，念出招式的名称，然后以不同的速度和角度，在该学员身上将招式演示数次，但依然没有太多口头解释。班上的学员们也只是沉默地观察演示的过程，不会叽叽喳喳地提问。

教练的演示结束后，学员们随机找一个伙伴开始练习，他们之间同样不会过多交流。这种沉默的教学方法，可以帮助学员们只专注于如何与对手协作处理和练习动作，注意各种微妙的非语言反馈。他们能够真正地沉下心学习动作，排除所有的外部干扰。在这个过程中，教练会仔细观察，并在必要的时候打断一两组学员的练习，亲自示范。课程结束后，学员们各自散开，继续其他的事情，仿佛这节不寻常的课程并没有发生。

当然，不是每一节合气道的课程都在沉默中进行，但在这些沉默的课程上，学员们拥有了个人的时间和空间来打磨和完善自身的领悟力和技能。这些沉默的课程适度地尊重了每个学员独特的学习和领悟方法。教练不会试图完全控制每个学员的学习节奏或表现，他们只需要确保学员正确地掌握了基本的动作，并且不会跑来跑去地纠正学员们每一个偏离常规的小错误，他将这些细微的错误留给学员们自行发现和纠正。因此，学员们有机会在打磨自身技能、与对手持续互动的过程中，以个人独有的方式予以纠正。

在道场之外的其他领域，留出一些自主的个人时间和空间可能对逃脱经验陷阱更为关键。

预留了自主时间和空间的学习方式，将更有可能增加创意的数量和多样性，提升创新者在正确的时间出现在正确地点的概率。这将使我们能够更好地观察和欣赏自己及他人的创造过程的复杂性，将帮助我们学习和借鉴他人的经验，使我们有机会将注意力重新转移到看似不相关的问题上，并可能带来意想不到的新发现。这也能够帮助我们确定可激发自我热情的领域或方法，并让我们有意愿投入时间和精力，发掘自身潜力。

在现代的组织结构中，已经有很多人尝试为成员提供一些自主学习的空间。具有创新精神的公司一直在尝试各种各样的策略。例如，3M和谷歌，已经在内部推行这样一种方法，即管理者允许员工利用部分工作时间，自行研究他们发现的问题和探索解决方案。然后，公司会听取他们的研究成果，或投资员工提出的一些想法，这些想法或许将使公司能够更好地适应复杂和充满不确定性的商业世界。

需要注意的是，真正实施员工提出的一些想法，是取得成功的关键因素。施乐的帕洛阿尔托研究中心也为员工提供了足够的自主权，并最终推动了带有图形用户界面的个人计算机的发明，以及其他开创性的项目产生。然而，施乐的管理部门却没有重视和发展这些创意。因此，仅仅产生创意的想法，并不能保证其实施或获得成功。

编程马拉松（Hackathons）的身影，现在几乎遍布所有的行业，但在软件开发行业尤为盛行。赛事通常为期1天或2天，所有参赛的开发人员，需要组成团队，以团队为单位，构思编程创意，并在比赛结束时进行展示。全球的企业和组织，通常为这个赛事提供赞助，并为获奖的创意和项目提供丰厚的奖励。

改善项目（kaizen events）和六西格玛（Six Sigma）项目等结构化的创意方法旨在让企业和组织，通过重新构建自己的流程细节，优化产品和服务。从长远来看，通过重新设计，这些结构化的创意方法能够拥抱不同的意见、借鉴外部的创意、整合不同的理念，最终提高企业的成果质量、提升员工福利水平。

大型组织在开发产品和服务时，也一直在采用敏捷和精益创业等创新方法。这些方法包括通过原型设计、实验和迭代，来获得可靠的软件开发和管理经验，而不是严格控制执行项目的最终完成的版本。

所有这些做法都有助于削减经验对创造力的限制。遗憾的是，这些做法仍被视为非常态和非主流的做法，大多数的企业、学校和其他组织，依然没有给成员预留太多的个人时间和空间。大多数经营者和管理者缺乏足够的空间去构思新的想法，考虑他人的创新思维。相反，现有的体系正在不断努力定义“最佳”的运作方式，并严格控制组织遵循这个模式进行管理的过程。这背后潜在的假设是，组织可以通过定义和强加一种最佳员工业绩模式，取得所期望的成果。然而，这种假设在恶劣的学习环境中是有缺陷的。

因此，基于本章主导的自主创新精神，让我们尝试在现有的创新倾向实践的基础上，在3个不同的领域——社会生活、学校和工作中——设想3种新的机制。我们的主要目的是在现有系统中，为个体提供一定的自主时间和空间，以对抗经验可能给创意的产生、选择和发展带来的不必要的扭曲和过滤。

爱好黑客：发掘其背后的生产价值

克瑞斯·克洛斯比（Caresse Crosby），又名玛丽·菲尔普斯·雅各布（Mary Phelps Jacob），是20世纪初的一位美国作家和发行人。她也是一位社交名媛，经常参加或组织聚会，喜欢在聚会上盛装打扮、跳舞。然而这一爱好，却给她带来了意想不到的挑战。当时女士们参加派对时流行穿着的紧身束胸衣，并不是为了舒适而设计。更糟糕的是，对克洛斯比来说，这些胸衣限制了她跳舞时的动作。

有一天，她有了一个新想法。她买了几块手帕，用丝带把它们缝在一起。她用这个精妙的新设计作为内衣，代替了平时穿的紧身胸衣。据传闻，穿上新内衣之后，她的舞姿非常优美、灵动，以至于参加聚会的其他女性，纷纷跑来向她探询。

克洛斯比后来设计了现代版的胸罩，并申请了专利。因为想在更好跳舞的同时穿着更时尚，她只是用基本的缝纫方法和已经存在了几个世纪的材料，就创新性地解决了问题。她的爱好，对她在正确的时间、正确的地点、实施正确的想法，起到了重要的推动作用。

乔治·德·米斯特劳（George de Mestral）是一位瑞士工程师，他喜欢带着心爱的狗在阿尔卑斯山徒步和打猎。但他热衷的爱好也给他带来了意想不到的挑战。在徒步或打猎回来之后，德·米斯特劳经常发现狗的肚子上挂了很多芒刺。他感到很困惑，因为无论是狗毛，还是缠绕在上面的芒刺，都没有粘性，也没有磁性，这些芒刺是怎么牢牢地粘在狗毛上的呢?

德·米斯特劳用显微镜研究了一下，发现细小带钩的刺毛和狗的圆毛钩住了，导致二者牢牢地粘在一起。而这一发现，最终促使他开发出现代尼龙搭扣（魔术贴），并以“维尔克”（Velcro）为商品名称上市。这个商品，在时尚、医疗、军事和太空探索等多个行业领域都得到了广泛的应用。

德·米斯特劳发明魔术贴的部分原因，是他喜欢带着狗在野外散步。他利用自己作为工程师的技能和现有的材料，解决了另一个领域的问题——扣合工艺。他的爱好，对他在正确的时间、正确的地点、实施正确的想法，起到了重要的推动作用。德·米斯特劳的方法，按照现代的说法，可以被称为“仿生学”，即从自然界的形成和发展过程中获得发明灵感的方法。

20世纪90年代，在日本新干线或所谓的子弹列车遇到音爆问题时，仿生技术也发挥了作用。据报道，当高速行驶的列车在通过隧道时会产生音爆，给人们带来极大的不便，尤其是在居民区穿行时。由于个人对鸟类的兴趣，该列车的技术开发经理中津英治（Eiji Nakatsu）找到了解决方案。中津把火车头设计改良成类似翠鸟的喙形，因为翠鸟从空中潜入水中时，摩擦力和水花都非常小。他将自己的观察爱好转移到火车的设计上，改造了车头的形状，在大大降低噪音的同时，提升了火车的运行效率。

大多数的创造过程，都容易被我们以往的经验掩盖，这可能会让我们低估这种跨学科方法的作用。事实上，所有的创新都是新旧的混搭。辉煌的新成就往往是在借用、组合、改造旧事物的基础上实现的。然而，我们需要一些个人的时间和空间，来发掘和体验这些联系，再培养和开发它们。

个人的兴趣爱好，则提供了这种奢侈的时间和空间。兴趣和爱好，游离在事业或家庭等控制我们大部分生活的力量之外。它们促使我们将注意力从舒适区和常规事物中转移出来，引导我们去接触通常不会产生互动的人和地方。兴趣爱好本身，也意味着挑战和问题，而积极地分析这些问题，努力将一个领域的解决方案应用到另一个领域，就可以帮助我们在正确的时间、正确的地点产生正确的想法。

免修课程、开发激情：学生如何自由发挥创造力

想要提升整个社会获得最佳的创造经验的概率，提升社会的整体创造力，就应该从学生着手，让这些年轻人能够在学校期间就充分发

掘自身的创造激情。不幸的是，这样的情况十分罕见，因为标准化课程的典型特点就是“一刀切”地传递信息，对学生掌握标准信息的情况进行标准化的测试，故而极大地限制了学生们在规定的课堂教学模式之外获得思考和经验的自由探索的空间。

互联网的诞生，有可能成为教育系统转变的主要推动力。可汗学院（Khan Academy）和课程平台（Coursera）等在线教育举措的日益普及有望成为未来教育的主要形式。线上的教育方式，能够让学生们掌握关于学校的教育、内容和学习节奏等方面更大的自主控制权。

此外，还有一些非主流的课堂教育模式，例如蒙台梭利等教育举措，为学生提供了与不同情境和其他学生进行互动的机会。这些方法，可以让学生以自己喜欢的方式和节奏接受教育。同样，麻省理工学院媒体实验室的终身幼儿园项目，也一直在设想借鉴幼儿园的学习方法进行教育，即强调项目、同伴、激情和游戏。最近，一些教育机构开始采用翻转课堂的形式，即学生在课前学习教材，然后在课堂上以互动的方式应用所学的知识。整个芬兰的教育体系，则以机会均等的理念和基于研究的设计而著称。

无论是报告还是传闻均表明，此类替代性教育方法确实可以对学生的学习和能力产生积极的影响。然而，由于诸多方面的原因，这些方法也不可能很快取代或改变大多数国家现行的标准学校教育。因此，期望以知识为基础的标准教学方法迅速发生革命性的转变，可能是不现实的。

为此，我们希望提出一个补充机制，它不涉及颠覆性教育变革，旨在为接受标准教育的学生（1年级至12年级）提供一些自主学习和探索的时间和空间，让他们能完全控制这些时段内学习的体验和节奏。

这个补充机制的最终目标，是帮助学生在生命的早期，探索他们的创新元素、兴趣、激情和天赋，并让他们自主管理自己的创造性发展。我们的挑战，是如何激励学生们利用自己的自主时间和空间，产生想法、借鉴见解，并在现有成就的基础上磨炼自己的技能、参与各种创造过程，从心流中受益。此外，他们还可以通过不同的课内外活动接触其他志同道合的人。

为了激发学生身上的这种动力、热情和行动，我们会先问学生他们不喜欢哪些科目。例如，在某一学期中，你是否尤为讨厌学校开设的某一门课程？是地理课？历史课？数学课？物理课？还是文学课？不管不喜欢的原因是什么，我们敢打赌，学生在那门课上不会学到任何东西。他们讨厌的原因或许是老师很无聊或令人困惑，或许是教学方式不合适，又或者他们只是单纯地对课程的主题没有多大兴趣。这种情绪可能随着时间的推移而改变，但可以肯定的是，在任何一个学期里，每个学生都要上一门他最不喜欢的课。

因此，我们希望给予学生在某一个学期内放弃上一门讨厌的课程的机会，但他们必须先掌握该课程的基本信息。因此，在放弃课程之前，他们必须先努力学习基本的内容，通过期中考试，以证明他们对该课程的某些主要概念已经有所了解。在证明了这些基本能力之后，这些选择“放弃课程”的学生，在该课程授课的时段，就可以坐在一个单独的房间里，按照自己喜欢的方式，完成自己喜欢的其他项目。

学生们可以做什么项目将由他们自主决定。他们可以选择一个关于其他课程主题的项目，比如物理或文学；也可以选择参加课外活动，提高兴趣爱好方面的实力，如象棋、写作、摄影、舞蹈、设计或合气道；也可以对自己选择的主题进行深入研究，在现有的空间里练习所有可以练习的技能，或者互相讨论自己的想法；也可以在校外继续其他的探索，一切遵循他们个人的意愿。

无论是课内还是课外，目前在传统的、标准的教育体系中，这种额外的努力还没有得到足够的激励。但在这种机制下，选择放弃部分不想学的课程，学生能够迅速收获其他的好处。

这些项目有哪些后续的操作?

一种可行的做法是，在每个学期结束时，学生要给教师、其他学生和家长组成的小规模委员会做报告，展示自己做了什么。但委员会的成员不会做出评判，不会进行打分，也不需要提供报告。这些时间和空间完全由学生自主处理。如果听取报告的观众愿意，他们只能提供建设性的反馈和建议，以帮助学生进一步推进想法或创意。

理想情况下，许多学生能够利用这个机会从痛苦的学习经历中逃脱出来，从事自己擅长或感兴趣的工作，因为这对他们来说，是时间和精力成本最低的活动。这种机制最终能够帮助学生自然而然地探索和发现自己的各种激情。当然，他们有可能会犯错，选择一项自己最终并不喜欢的活动。但考虑到学生在接下来的学期还能够有同样的机会进行选择，他们完全可以换到另一个领域。在找到真正喜欢的领域和项目之后，学生或许能够利用这些时间和空间进行深耕，并取得持续的进步。

但有些投机取巧的学生或许会利用这个机制逃避上课，也得不到任何实际的进步。他们可能会假装在某方面付出努力，但这也是他们自己的选择。

毫无疑问，能够把握这个自由的窗口，探索自己感兴趣的事物，并努力打磨自身技能的学生，肯定多于投机取巧的学生。我们的期望是，最终看到那些充满激情和创造力的学生，有幸在年轻的时候就被赋予了足够的机会、选择和责任，通过自己创造机会，来实现自我的发展和提升。

这种免修课程、探索激情的机制，能够打破先行教育体制的僵化，激励学生通过可靠的经验发现并探索个人的激情。其目的是释放学生的潜能，同时不会破坏或颠覆大部分传统的课堂设计。

为了提供更多的支持，学校可以尝试设立一个监督委员会，创建一个全国性甚至是国际性的课外项目数据库，使全球的学生都可以查到选择免修课程的其他人开展了什么类型的活动和项目。这个机制不仅可以启发学生，还能够让他们彼此联系和互动，从他人的经验中获益并借鉴他人的优秀做法。

这种学习环境，能够在严格的以知识和评估为基础的教育体系中，创造一种基于社区的学习经验。这是一个借鉴、连接和转化其他几种实践和替代方法的概念。因此，它同样需要我们不断地测试、调整、适应、修正和进一步完善。开展这项工作并不容易，但的确是可行且有益的。

管理人员参议院：企业管理者解决问题的交流平台

毫无疑问，工作占据了成年人大部分的生活时间。但为自己工作的人，或许在工作的时间和空间方面拥有更多的控制权。有没有一个机制，能够为那些替他人工作但没有职场自主权的人，也提供一个自主体验的时间和空间呢？

例如，在大中型的企业或一个大型企业集团的一个下属部门中，有几个中高层管理人员需要同时处理几十种不同的工作任务，并且都需要向同一个上级或部门经理汇报。这些人通常受过良好的教育，在不同的公司、部门或流程中拥有广泛的经验。他们中的一些人，有朝一日可能会得到晋升，成为一个部门或整个公司的领导。

这些管理者都很忙，他们在严格设计的企业运作流程中扮演着重要的角色。他们通常没有太多的时间或空间，来产生、交流、测试和实施想法。相反，对他们来说，新的想法往往意味着更多的工作和责任。而且，新想法的实施即使获得成功，他们通常也不会得到太多的认可，但如果失败了，他们就要被问责。

当然，这些管理者很可能有很多新想法，不仅是关于自己的业务，也对别人的问题有很多想法。然而，往往因为缺乏一个可以创造性地讨论和探索这些想法的平台，他们无法将这些潜力充分发挥到企业的运营中。而这些，都是企业需要承担的隐性成本和损失。

在这种情况下，一个可行的办法是建立一个管理人员参议院，持续地为其成员提供时间和空间，使他们能够结合不同的经验，公开讨论各自的想法。在过去几年里，我们有机会在不同的商业环境中，实践了管理人员参议院的模式。

下面简单地描述一下操作的原则和流程。

我们要求总经理召集相关的中高层管理者开会。在会议上，首先我们解释了改进创造性解决问题过程的必要性，以及在严格受控和僵化的常规制度下，中高层管理者们的经验在多大程度上得不到充分理解。鉴于这些中高层管理者对公司的关键流程了如指掌，我们认为，他们是发现和解决各种问题的最佳人选，尽管他们潜在的创造力可能沉睡在得到正式认可的“管理经验”之外的领域。通常情况下，这些见解能得到所有参会者的认同。

接着，我们要求总经理离开会议室。这一点至关重要，因为总经理留在会议室内，就会导致中高层管理者们不敢说话，甚至不敢开展发散思维。更糟糕的是，一旦总经理发表了某种观点，其他人就停止提供与之相左的个人观点。有时候，哪怕总经理不发一言，这种情况也会出现，因为他的脸色和肢体语言往往足以让中高层管理者观察出他赞成哪些意见、反对哪些意见。有时候，总经理什么都不用说，翻个白眼就足够了。

在总经理离开之后，会议室里的所有人可以分成小组讨论，找出需要解决的问题。每位中高层管理者都会提出自己当前面临的且十分重要的几个问题。我们的任务，就是确保每个人都要建言献策，并最终形成一个待解决问题的清单。然后将汇总的问题清单发给每个经理，请他们思考如何解决自己和他人的问题，并安排下一次会议的时间。

然后召开将总经理排除在外的管理人员会议时，这个会议就变成了一个讨论解决方案的会议。我们经常观察到，上一次会议提出各类问题，参会者们在这一次参会时，已经带来了相应的解决方案思路。他们发现，从老东家或自己熟悉的其他领域借鉴创意和调整解决方案，变得更容易。集体的智慧，使得那些之前困扰与会者很久的问题变得不再棘手，创意解决方案的火花在会议室中流动起来。

在一个案例中，我们看到一位人力资源部门经理帮助销售经理解决了一个紧迫的问题，因为人力资源经理在上一份工作中遇到过类似的情况。参会之前，她并不知道销售经理正面临这个问题，他们从来没有以这种互动的方式交流过彼此的困境和想法。

在另一个案例中，参会的中高层管理者惊讶地发现，公司的一个部门还在使用一种早就过时的管理模式。这个管理模式看似无关紧要，但却浪费了企业的人力和物力资源，且在不知不觉中被完整地延续下来。在该部门经理在会议上提出之前，从来没人对这个模式存在的合理性进行过讨论或审查。很快，另一位参会的经理依据本部门的经验，迅速地提供了完善该流程的可行方案。

当然，管理者们或许会提出一些更难解决的问题，其对应的解决方案也将需要相对更高的成本。经过几次会议之后，我们讨论了将解决方案进行优先排序的方法，以及如何推动这些大家一致同意的解决方案获得高层的批准。通常情况下，像总经理之类的高管会瞬间喜欢上管理人员参议院递交的一些解决方案，并迫不及待地想立即在全公司范围内推行这些想法。

但我们制止了高管的这种冲动，因为提出的解决方案必须先经过测试和完善，才有可能成功地实施。一些解决方案有可能听起来很美好，但实际完全没用。有些看似美好的解决方案，甚至会带来灾难性的后果，就像曾被无数代医生推崇的放血疗法那样。

我们将先在公司内部进行小规模的测试，并报告实验的结果。管理层委员会将再次召开会议，讨论被测试的方案是否应该大规模推广，总经理将参与这次的会议讨论。然后，再根据讨论的结果，施行这些解决方案。

这样的过程，将确保管理者的丰富经验能恰当地发挥其创造力。他们有机会在借鉴他人意见的基础上，以自己的方式定义和解决自己的问题。他们有机会与最高管理层直接对话，展示自己的努力并获得肯定和赞赏。哪怕他们提出的想法有一些得到执行，有一些未被采纳，但总归不会被人完全无视。身居高位的总经理也能够对管理团队的流程、问题和想法有一个充分的认识。每一个中层管理者提出的问题，都能够得到可靠的反馈。

建立这样的一个交流机制，并不会损害企业内部现行的管理架构，只需要每个月花上几个小时的时间和空间。在没有企业总经理参与的情况下，这些中高层管理人员最终能够发现一系列相关的问题，并提供有价值的解决方案。在高管理解这个模式的运作方法，并学会放手让下属自主讨论和解决问题之后，整个过程就可以在企业内部开展，不再需要外部人员的介入和参与。中高层管理人员可以依据这个机制，定期交流问题，并共同构思可能的解决方案，且这个机制也能够实现良性的可持续发展。

从本质上说，这个机制的目标，是释放隐藏在员工个人经验中的创造力。通过短暂地打破传统的责任范畴和孤立的组织架构，它让企业的中高层管理者能够以全新的方式，思考他们和其他人所面临的挑战，并发现以往的工作经验或来自其他领域的经验，能够带来意想不到的灵感。这种交流会的价值，不在于强制要求员工贡献他们从日常工作中获得的技能，而是有机会在整个组织的同事提出的各种不同想法和问题的刺激下，以新的眼光审视自己的经验。当然，这个机制的建立和运作并非易事，但同样是可行的。

本章小结

什么是缺失的？什么是不相关的？

无论是个人还是企业，要想有效地应对不确定性和复杂性，创造力是不可或缺的。而一些经验对于创造力来说，也是不可或缺的。

然而，认识到经验也包含着微妙的过滤和扭曲，并欺骗性地导致我们误判别人和自己的想法及创意过程，也很重要。

不相关的过去。创新会导致与过去的决裂。因此，基于过去的经验，会导致我们在判断新想法的潜力时缺乏远见。过往经验的价值只有在经历过之后才会在事后显现出来，因此不具备对未来的指导性。

缺失的创造性的过程。我们观察到了成功的结果，但不一定能看到和理解产生这些结果的基本过程的细节。因此，我们的经验将使我们无法体会到创造力的真正作用。

缺失的他人经验。在寻求原创性的时候，我们会受制于自己的经验。但当我们能够借鉴他人经验，“站在巨人的肩膀上”而不是“站在对立面”时，就更容易取得进步。

不相关的关注点。经验会使我们的关注点更僵化地固定在相关的东西上。但如果相关的东西发生了变化，这样的经验就会导致非注意盲视、功能固着和能力陷阱，使我们无法抓住意想不到的机会。

缺失的心流体验。心流有利于创造力的发挥。不幸的是，我们大部分的日常经验中，没有心流的存在。但幸运的是，我们可以通过一些方法来重新组织生活和企业的实践，以鼓励自由的思考和激情驱动的探索，从而使心流的经验成为可能。

缺失的自主性。人需要一定的时间和空间来自由地参与解决问题，发展个人激情。教育院校可以考虑设计特定的教学机制，在严格的教育体系中让渡出一定的控制权，激励学生和员工丰富个人的创造经验。

创造性，意味着寻求和发展能带来积极成果的想法，即有利于个人、公司、行业、社会和整个人类发展的新概念。超越经验带来的直接教训，可以帮助我们识别然后充分利用自身潜在的创造力。

BLINDED TO RISK

第三章

对风险视而不见

当经验中隐藏着风险时，我们要提高统计学素养，从经验中得到更好的启发

请想象自己是一头恐龙：

无论是迅猛龙、长鼻龙、三角龙、剑龙，或者是霸王龙，哪种恐龙都可以。试着设想和感受身为一头恐龙的生活。

你现在就是一头普通的恐龙，每天的日常生活就是躲避风险、进食、繁殖。生活的经验教会你如何生存，你本能地记住了容易找到食物的地方，并形成了一种近乎本能的直觉，知道在某一特定的时间段内某个区域是否适合生活。事实上，多年来，经验一直是一个可靠的盟友，它已经印刻到你的基因里。你身上的大部分本能，都是整个物种多年来集体经验的产物。数百万年来，你的祖先已经适应了周遭的环境，所有这些都能够帮助你生存。

突然有一天，从睡梦中醒来，你感觉有些不对劲，周围的环境变化得太快了，你无法适应。你的经验并没有警告你，可能会发生这种

巨变。你或你的祖先在旧环境中学到的东西，似乎在新环境中毫无用处。你的基因里没有适应新环境所需的技能。很快，生活变得异常艰难，生存也成为一种挑战。最后，你死了，许多其他的物种以及你的同类都消亡了。这种情况不是因你而起，但你也无能为力，不能预知，也无法阻止。

可怜的恐龙！

这个故事，根据大约6600万年前的一个真实故事改编而来，科学家认为，当时一颗巨大的小行星撞击了地球，摧毁了当时的生态系统。许多物种在撞击的爆炸发生的瞬间死亡，而其他一些物种，则因为环境的灾难性变化，经受了一段时间的痛苦折磨，最终也灭绝了。从恐龙和当时存在的许多其他物种的角度来看，我们现在生活在一个浩劫后的新世界。

我们都知道，作为一个物种、一个国家、一个企业组织，或一个个体，各种类型和规模的危机已经发生，并将继续发生在我们身上。为了更好地理解、预测，以及处理可能的灾难，我们需要调动所有可能的资源和力量。像恐龙一样，我们人类也从经验中学习并依赖经验生存。我们记录过去、观察现在、预测未来。所有这些，应该有助于我们感知前方可能存在的危险，并尽可能有效地应对这些危险。

听起来很完美，会有什么问题呢？

不幸的是，在如何从危机中幸存这个领域，经验并不是一个可靠的老师。过度依赖从经验中学到的东西，可能反而会使我们在某些灾难性事件中变得更容易受到伤害。因为这些过去的经验往往会隐藏关键的信息，并导致我们过度关注不相关的细节。经验可能会导致我们像恐龙那样无助，更糟糕的是，与恐龙不同，人类甚至可能会暴露在由我们自己挑起的灾难中。我们只有首先承认经验中存在着各种信息过滤和扭曲现象，才有希望识别潜在的危机，并就如何应对这些危机做出明智而及时的决定。

这里的重要问题是，因为经验的欺骗性，我们忽略了许多堪称史无前例的、具备致命破坏性后果的大事件。而这种迫在眉睫的灾难，往往很少或不存在明显的警告信号。

在《黑天鹅》(*The Black Swan*) 一书中，纳西姆·塔勒布 (Nassim Taleb) 描述了这种罕见又充满冲击性的事件是如何发展的。它们通常不会以一种简单的、线性的方式发展，因为这意味着人类可以随着事件的缓慢推进，学会管理它们。这些突发性事件一开始通常处于休眠或进展非常缓慢的状态，直到突然“爆发式”的显现，并导致意想不到、无法弥补的后果。引发这种灾难性事件的过程可能十分平坦，导致人们因为习惯而放松警惕。但事实上，这种宁静而看似熟悉的现在，不过是即将发生的毁灭性事件的铺垫，它将猝不及防地影响无数毫无准备的受害者。

所以，过去我们只观察到白天鹅的存在，并不代表着下一次出现的一定不是黑天鹅。此外，经验不仅不能警示罕见事件的存在，也无法积累关于这些事件的影响和后果的有用信息。当涉及到史无前例的灾难时，对经验的依赖让我们疏于关注其影响和破坏力。

幸运的是，与恐龙不同，我们有科学家提供警示。科学家们不会依赖有限的个人经验，而是能够根据客观的统计分析，给出有理有据的猜测。在为未来的危机或灾难做准备时，科学家们的洞察力对人类来说是一个巨大的潜在优势。

然而，专家们的警告往往与我们当前的舒适感和日常观察发生冲突。我们或许听到了专家的警告，却不会感觉到问题的存在，为此很难决定到底是相信专家的话，还是相信自己的直觉。专家的意见和我们自己的经验之间的矛盾，最终导致我们无法采取必要的预防措施。

只有真正亲身经历了灾难之后，我们才有可能意识到，依据个人经验判断灾难的可能性和后果的代价是自己无法承受的。但这通常是血的教训，往往以生命或创伤为代价。经历灾难之后，我们发誓要记住这些经验教训，并尽己所能地为将来类似的灾难做好充足的准备。然而，随着时间的推移，关于灾难的深刻记忆会逐渐消退，我们自身的紧迫性也会逐渐减退。当我们适应了浩劫后的新环境和新情况时，和平环境下积累的经验将不可避免地吞噬我们关于危机的直觉。因此，从自身经历的灾难中吸取经验教训，并长期保持警惕十分困难，而要从发生在他人身上的灾难中吸取教训，只会难上加难。

除非我们刻意将自己放在受害者的位置上，否则我们的个人经验和直觉会告诉我们，别人才是受害者，灾难与自己无关。这种心态甚至会导致无端的自信，认为我们不太可能像其他人那样遭遇此类灾难。尽管好消息是，灾难在某些情况下是可以准确预测和预防的，但这些预防措施也常常被经验隐藏在我们的观察之外。然而预防措施，就其性质而言，无法让我们看到任何直观的结果。我们可能永远也不会听到有关预防措施的消息，且如果真实的灾难没有发生，我们也永远无法亲自验证这些预防措施是否有效。而这种破坏性的缺失，反过来又会造成一种错觉，使我们盲目地相信，灾难发生的可能性从未真正存在。

因为前述诸多原因，经验虽然有助于提高人类在日常生活中生存的机会，虽然听起来有违常理，但其教训却会破坏我们预测和处理灾难性事件的能力。就这一点而言，学习的环境是险恶的。在此，我们需要提出的一个明智的问题是：有没有可能存在一些潜在的可怕的意外事件，是我们根本无法从经验中学习、只能通过日常观察中隐藏的线索来预见的？遗憾的是，这样的灾难不胜枚举。

毁灭性灾难的经验，往往是人类无法承受的

大自然是一个充满重重危机的地方，不仅仅对恐龙来说是这样，对人类来说也是。

流行病就是人类可能需要面对的一种重大灾难，其发病的时间和导致的后果往往无法预测。现代人类社会的高度联系性和互动性，为流行病的轻易传播创造了条件，使其迅速成为威胁人类生存的全球性威胁。100多年前暴发的西班牙流感，最终感染了全球1/3的人口，并在短短几个月内夺去了数千万人的生命。短短1个世纪之后，人们似乎已经淡忘了这次事件的惨痛教训。假设出现一种新型虫子，并导致

失控的流行病再度暴发，在人类认识到它的破坏性影响时，可能又为时已晚。

当我们在2019年完成本章内容时，再度暴发全球性流行病的可能性看似遥远而渺茫。然而不幸的是，当我们在2020年的春季编修本书时，一种新型冠状病毒正在引发全球大流行病。全世界的国家和地区无一幸免，每一个国家和地区的医疗、经济系统都措手不及。

过去的经验，不仅没有警告我们这种流行病灾难的存在和影响，并且在全人类试图减轻流行病的后果时，还在不断地欺骗我们。我们很难想象数百万人可能在几周内被感染。而且，由于传播和潜伏期的原因，有效的干预措施往往需要一些时间才能显示其效果，这也导致很多人不能理解干预措施的价值。因此造成的后果是，我们延误了预防措施的落实，导致感染性疾病迅速蔓延，进一步使疫情缓解的代价更加昂贵。

COVID-19，即所谓的新冠肺炎，也许不会像导致恐龙灭绝的小行星撞击地球事件那样，将人类这个物种消灭掉。但是，它不仅损害了全人类的健康，还被证实可能对全球经济和福祉造成长期威胁。当我们能够控制新冠肺炎之后，最好能找出其他可能的流行病来源，以避免在未来再度遭遇此类灾难性的破坏。希望应对新冠肺炎获得的经验，能让我们以新的眼光，看待人类根本无法承受其后果的许多其他潜在灾难。

例如，气候变化，长期以来一直是环境、政治和经济争议的核心问题。地球正在变暖的趋势，是否也是一种可能被证明的灾难性过程？但大多数普通人根本无法感受到气候变暖的危机。

仅仅依靠个人的经验，我们很难接受系统性全球变暖的概念，就像流行病的案例那样。这种狭隘的个人经验会妨碍基本的疫情防控措施的实施。诚然，我们最近可能度过了那么一两个看似异常炎热的夏天；近年来飓风和火灾发生的次数，可能比以往更多。但事实上，对于大多数人来说，秋天过去之后，寒冷的冬季一样会降临，飓风也只在一年中特定的时间段里发生。对大多数人来说，地球并没有发生明显的变化，这也就是为什么气候变化问题一直很难超越社会、政治和经济问题，成为被国家和民众重视的头等大事。

然而，美国宇航局和美国全球变化研究计划等组织的分析表明，情况正在迅速变糟。除了一些令人震惊的数据变化之外，极地冰盖和喜马拉雅冰川正在迅速融化，二氧化碳排放量也达到了历史最高水平。而随着全球平均气温继续逐步上升，大多数气候科学家都认为，全球变暖的趋势将越来越难以扭转。可以想象，我们很快就会达到一个灾难临界点。在此之后，海平面升高、极端天气事件更加频繁、空气质量下降、干旱频发等负面后果，将对大量人口造成身体和经济上的破坏，并永久地缩短人类寿命。

另一个同样可能造成灾难性后果的问题，是抗生素耐药性（AMR）的蔓延。在某些情况下，有害微生物会对目前用于治疗它们的药物产生抗药性。这种抗药性会导致使用的药物效果下降，甚至完全无效。

抗生素耐药性并不是什么新鲜事物。早在人类发明抗生素之前，甚至在人类存在之前，这种现象早已存在。随着时间的推移，许多微生物逐渐演化出对其生物天敌的抵抗性，我们人类也是如此。但在人类发现抗生素之后，抗生素耐药性开始以前所未有的速度蔓延。个人和医疗行业对抗生素的过度和不当使用，会导致某些微生物以前所未有的速度进化，对人类研发的药物产生生物防御。

世界卫生组织报告称，已经有证据表明，抗生素耐药性出现了突然且具有潜在危险的增长。然而，就像全球变暖一样，它并没有真正影响大多数人的日常生活。此外，普通人在日常生活中反而体验到了使用抗生素的良好效果。即使是过量使用（不必要地服用）或不适当地使用（没有服用全部剂量），给很多人带来的损害也很有限，或完全没有任何伤害。这些狭隘的个人经验会让大多数人认为，抗生素耐药性不是什么严重的问题。

然而，个人经验不会告诉我们，抗生素耐药性的存在有多么泛滥。也不会令我们知道，对于那些容易受到耐药微生物侵袭的疾病患者，或者那些需要强化治疗效果的患者（比如经历大手术或某些需要大量抗生素治疗的癌症治疗的患者）来说，抗生素耐药性造成的后果是致命的。

经济危机的演变，在很大程度上也被经验所掩盖。2008年全球金融危机的爆发，几乎没有任何提前预警，特别是在普通民众眼中。然而，他们最终却要为危机的大部分损失买单。截至2020年春天，我们仍然不知道新冠肺炎导致的经济萧条会有多严重或持续多久。我们根本无法从以往的经验中判断这些事件的后果。但我们知道的是，仅仅盲目地依赖日常观察的结果，会导致我们无法专注于认真地对待这些问题，直到被突如其来的危机爆发打得措手不及。

随着计算机技术和遗传学等领域的新发展，事情变得更加复杂。我们无法清楚地理解这些行业的发展可能会带来什么不可预知的风险。人工智能或基因工程是否会最终导致整个星球的经济或社会动荡，像小行星撞击地球给恐龙带来的灭绝性后果一样？我们有许多东西需要讨论和推测，但我们首先需要承认，这些讨论和推测都不能以我们个人或集体的经验为基础。

或许还有可能发生其他类型的全球性灾难，但危险的绝不仅仅是全球性的灾难，地方和区域性的灾难也可能对数千甚至数百万人造成损害。面对这些小规模事件的后果和风险，人们同样存在一种莫名的自满情绪，因为大多数人的日常生活不会受到它们的影响，平和的日常环境就会开始支配直觉，并导致大多数人疏于防备。

如果逐一分析，很多灾难似乎不太可能发生。但如果综合考虑，在不久的将来，不发生任何灾难的概率就变得微乎其微，尤其是考虑到人类的寿命比以往任何时期都长，且人类发展进步的速度也比以往任何时期要快。不幸的是，新冠肺炎的暴发，证明了这一逻辑的正确性。

谈到对灾难的准备和预防，我们不得不承认，在评估灾害的可能性、重要性或可能的后果等方面，人类的经验是不可靠的。为了更好地管理灾难性的意外事件，我们必须找到超越自身经验的方法。

概率盲目性：个人经验与专家意见之间的认知鸿沟

我们如何才能为超出经验之外的潜在灾难制定计划？第一步，努力估计其发生的可能性，以及可能造成的影响。然而不幸的是，经验的教训会扭曲我们对于灾难发生概率的认识。

毕竟，概率是无法观测的。一个事件，只存在发生或不发生两种可能，就像抛硬币那样：要么是正，要么是反。虽然我们在理性层面知道，任何一种结果的概率都是50%，但当我们观察单次抛硬币的结果时，并不会体验到这种五五开的概率。

只有当一个事件频繁发生时，我们对概率的直观感受才会更加清晰。事件的多次重复，使我们有可能收集很多结果进行汇总分析，然后观察到其中某个特定结果的频率，并给予其恰如其分的概率。把一枚没有弄虚作假的硬币抛掷一千次，加上或减去一些抽样误差后，大约有一半的结果会是正。而且随着抛掷的次数越来越多，这个误差会越来越小。通过这样的操作，我们就很容易直观地掌握并观察到正（或反）出现的概率为50%。

然而，灾难并不是频繁发生的事件，它们往往是复杂且前所未有的，这也是它们之所以被称为灾难性事件的原因。这就导致我们缺乏与之相关的足够经验，无法形成非常清晰的总体看法。

这时候就需要专家们发挥作用，他们是统计学的老手，其研究所包含的事件范围要比任何个人的经验大得多。专家们根据分析的结果，为大众提供关于灾难性事件的描述和建议。然而研究也表明，个人基于经验的认知和专家描述的信息之间，可能存在巨大的认知差异，尤其是在两个信息源讲述的故事不同时，强烈的冲突就会产生。例如，专家口中1%的概率，在亲自体验的个体身上就是100%的概率。

比如，专家说“一项投资的失败概率为1%”，和一个财务顾问告诉你，“你失去全部身家的概率是1%”。这两种描述，会不会让你产生不同的感觉？

投资失败的概率的确很小，但仍存在失去全部身家的风险。每个人都能够清晰地想象到这个可能的结果，因此对于大多数人来说，去忽略、无视那1%的概率，不为此感到焦虑，或许并不容易。

但如果这个概率不是其他人告诉你的，而是从你个人的经验中得到的，那么又会有什么不同呢？没有人告诉你投资失败的概率为1%，你只能通过亲自投资，或观察一段时间内几种类似投资的结果，来形成对这个概率的直接感觉。它可能是：赢、赢、赢、赢、赢、赢、赢、赢、赢。

你们或许已经发现，前面提供了9次成功的投资样本，这是因为在损失率设定为1%的情况下，这个包含9次投资尝试的模拟投资结果模型中，因为损失发生的概率较低且样本量较少，投资亏损的结果不会出现。如果这就是一个投资者的经历，那么他显然会得出这样的一个个人经验：亏损是一个罕见（甚至可能不会发生）的事件，且许多人都会有相同的经历和认知。当你在酒桌上与其他投资同行比较投资的战绩时，很可能也会发现很多人也同样从未失手。在这种情况下，基于数据分析结果的描述，可能会引起投资者的过度焦虑；但依靠有限的个人样本的投资经验，则会导致投资者的盲目自信。每赢一次，投资者就会获得更多的信心，他们就会受到诱惑，冒着越来越大的资源风险，放弃风险防范措施进行投资，并且没有对潜在的难以承受的损失进行适当的风险防范。

类似的情况在面对自然灾害时也十分常见。大众凭借个人经验产生的直觉，往往会低估灾难的可能性，从而导致不负责任的行为。在他们看来，专家们描述的概率听起来就非常不合理。关于复杂问题的数据和分析，往往也十分复杂，再加上专家们的解释往往晦涩，且涉及到相当大的不确定性。考虑到讨论的是一个未来的事件，所以某种灾难会在何时何地发生等信息也无法确定，其影响和后果也无法判断。所有这些因素，都使专家们提供的判断难以被接受……相较之下，来自个人的经验就显得简单、生动、容易相信。

例如，我们可以从专家建议和大众经验这两个不同的角度，思考一个众所周知的费解问题，即生日悖论。问题是：在随机抽取的25个人的小组中，有两个或更多人在同一天庆祝生日的概率是多少？

我们的个人经验可能让我们倾向于相信，可能性很低。我们在生活中遇到过很多人，但我们认识的人中，在同一天生日的人很少，甚至没有。我们也没有见过许多人在同一天庆祝生日的情况，因此，我们认为同一天生日的情况很少见。而且在一个随机抽取的25人小组中，人数这么少，存在巧合的概率肯定很低。

但专家会告诉你，在一个随机抽取的25人小组里，找到至少两个同一天生日的人的概率非常大，高达56%。而且，如果你把小组的人数增加到30人，这个概率就会飙升到70%。这怎么可能呢？专家可以给出合理的解释，但这个解释过程可能包含一整页的方程式，复杂到无法理解。

请记住，这个问题问的是：25人中，任意两个人在同一天生日的概率；而不是另一个完全不同且更简单的问题，即房间里有没有人跟你同一天生日。因此，专家的解释会涉及到组合数学，这是数学科目下一个非常复杂的分支。因为在一个25人的小组中，有300种不同的两两组合，故而找到匹配的概率，比人们想象中的大得多，而随着5个新人的加入，概率飙升的幅度也比我们直觉认为的比例大得多。

同样的，新冠肺炎在早期阶段会让人感觉像是普通流感或季节性流感，因为它造成的病例和死亡人数与前面二者差不多。专家们或许会告诫民众，病毒的指数级增长会导致最终的形势变得更加严峻，且在没有任何干预措施的情况下，感染人数会呈爆炸式增长，而大多数民众可能并不觉得专家的观点是正确的。但我们无法理解并不等于专家们的意见是错误的！这就是概率，在面对系统风险和罕见灾难时，往往会造成的理解鸿沟，在理解灾难的可能性和潜在影响方面，我们个人的经验并不是可靠的指南。

如何从灾难性教训中吸取经验

当灾难发生时，我们确实有机会从中学习经验教训。我们接受它的冲击，意识到问题及其后果的严重性，然后深入分析，这是我们应该做的。因此，我们能够从灾难性的经历中得到一些宝贵的教训，似乎合情合理。但是，实际上我们有没有做到这一点呢？

在《鸵鸟悖论》（*The Ostrich Paradox*）一书中，沃顿风险管理与决策程序研究中心的罗伯特·迈耶（Robert Meyer）和霍华德·昆鲁斯（Howard Kunreuther）分析了这个问题。其以多个受灾地区作为案例，剖析了他们在灾后未能为未来的风险做好充分准备，从而在类似的灾难再次发生时遭受致命后果。

其中一个案例就是2008年的飓风“艾克”，它摧毁了得克萨斯州的加尔维斯顿岛。但这并不是该地区首次遭遇飓风侵袭。大约一百年前，同一个地区也曾被类似的飓风以类似的方式破坏。该地区的领导人一开始确实从灾难的经历中吸取了教训，在重建城市时，采取了许多预防措施。但有证据表明，随着时间的推移，这些经验教训也逐渐被淡忘。

迈耶和昆鲁斯特别指出，在2008年的飓风来袭时，本应保护城市的海堤并没有发挥应有的作用，它们已经年久失修，一些新建的社区甚至认为没有必要建造海堤。在飓风靠近该地区时，很多人忽视了早期的警示，甚至在政府宣布情况可能是致命的时候，仍然满不在乎。尽管身处灾害多发地区，在数千名遭受损失的人中也只有39%的人购买了灾害保险。所有这些错误，都不可避免地造成了不必要的生命和财产损失。

基于这些悲惨的案例，迈耶和昆鲁斯确定了两种机制，均由经验助力，且对人类学习灾难的教训尤为不利。

迈耶和昆鲁斯探讨的第一个机制就是降低防御心理的机制。哪怕我们实际上并没有忘记极端事件的教训，例如竖立纪念碑以示缅怀，并采取了安全防护措施，但灾难对社会造成的创伤却会随着时间流逝而逐渐被淡忘。虽然它或许永远不会被完全遗忘，但会导致我们在心理上放松警惕。

这种降低防御心理的机制，在无伤大雅且经常发生的事故上是有益的，例如从自行车上摔下来，或输掉一场网球比赛。如果每一次失败都给我们带来永久性的创伤，我们就不会再尝试任何事情，也没有可能把事情做得更好。往大了说，如果一场飓风摧毁了一座城市，导致人类再也不建造城市，文明的进步可能就会停滞不前。但同样的机制也会使我们变得鲁莽，使我们容易在未来重蹈覆辙，遭遇类似可怕的意外。

尤其是当我们没有亲身经历这些灾难时，关于这些灾难的记忆、数据和警示所带来的刺痛和感触，短时间内就会被淡化。灾后重获的安宁和安全感很快就掩盖了灾难曾带来的冲击。鉴于近期没有灾难发生，一些风险甚至看起来更像是机遇。因为随着时间的推移，位于灾难中心地区的房地产价格，在灾后会相对便宜，再加上近期内发生灾难的可能性降低，投资该地区看起来会像是一个不错的决策。

迈耶和昆鲁斯探讨的第二个机制，涉及民众对预防措施的错误看法，即某类灾害的发生频率越低，实施针对这一灾难的措施似乎越没有用处或必要。抗灾意识较强的公民，会在灾害预防措施方面支出昂贵的费用，比如安装防飓风破坏的百叶窗；而那些毫无警惕心的人，可能会将同一笔钱花在购买电视机上，并选择享受眼前的美好生活。

虚假的灾难警报会给那些没有采取任何防灾措施的人带来不真实的安全感。出于安全防范的目的，政府有时候会发出灾害警报，但如果被警示的灾难最终并没有发生，几次虚假的警示之后，民众就会陷入一种“狼来了”的心态，开始认为灾难根本不会发生，并认为那些花了钱购置防灾设施的人不过是在浪费钱。而确实采取了灾害防护措施的民众，在政府发布飓风警告之后努力地竖起百叶窗，最后却发现是一个虚假警报，他们可能也会因此而变得沮丧，并在下一次的警报响起时，选择像邻居那样，置之不理，坐在电视机前面放松自己。

整个社区可能决定放弃给关键的防灾措施投资，如制定符合抗灾标准的建筑法规，或投保特殊的灾害保险等，但这些松懈的做法，反而导致他们更容易在下一次的飓风中遭受更严重的破坏。

简而言之，不假思索地依赖经验增加了损失再度发生的可能性，哪怕我们在过去已经有过无数次类似的惨痛教训。而且，这个现象不仅仅发生在环境灾害领域。

例如，金融方面的研究表明，人们在评估投资决策时，倾向于依赖近期的经验做出判断。这种经验更新鲜，也被认为更能够代表近期的现实。这种倾向，在事态的变化比较缓慢时是很有用的，它能够帮助我们跟上时代的步伐，提升业绩和表现。然而，这种倾向存在的问题是，它也会导致我们陷入温水煮青蛙的状态，对意外的危险过于放松警惕。

打个比方，我们在过去遭遇了全球经济衰退，没人敢担保类似的衰退不会再次发生。但一段时间后，如果没有新的经济衰退出现，就会使我们放松警惕，荒废那些防范金融风险的预防性法规或警示体系。

因此，考虑到我们曾经经历过的灾难和未来发生灾难的可能性，在所有前述领域中，重视及时和有效的预防将成为一个关键的应对之法。然而，不幸的是，经验也削弱了人们对这种重要防范行为的重视。

解决方案VS.预防措施：当灾难得以避免时

想象一下，一种流行病正在全球范围内不受控制地大肆蔓延。它可能起源于世界某地的一个小镇，并随着到访过当地的游客四处传播。它由一种已知病毒的变异菌株引起，且非常致命：致死率高达50%。

在数万人染病死亡，更多人被感染后，马克·吉尔森博士（Dr. Mark Jillson）和他的团队进行了广泛的研究和开发，最终找到一种治疗方法。这种治疗方法被视作奇迹，因为它几乎能够治愈所有的病例。吉尔森博士也因此被尊称为英雄。他是不是一个英雄？是的，他绝对是。

现在，我们不妨想象另一种版本。

在世界的某个地方的一个小镇上，一种新进化的病毒开始蔓延。

它是致命的，且传播速度非常快。在几周内，它就导致了该地区十几人丧生。并且，随着人们每天进出镇子，控制病毒的希望越来越渺茫。

幸运的是，吉尔·马克森博士（Dr. Jill Markson）和她的团队已经驻扎在那里。面对潜在的疫情危险，他们冒着生命危险，通过实行精心设计的检查、严格的检疫和重要的防范措施，遏制了疫情的蔓延。疫情被控制在局部范围内，病毒很快就被消灭了。马克森博士和她的团队防止了一场大流行病的暴发，也保护了可能因其而死亡的全球数万人的性命。她是英雄吗？是的，她绝对是。她会被民众誉为英雄吗？可能不会。

虽然两个事件或许都由同一种病毒引发，但民众对这两个事件的经历及随后的评价可能存在巨大的差异。吉尔森博士和马克森博士都采取了必要的行动，挽救了无数人的生命。关于他们两人谁更了不起的争论或许会永远持续下去。

在吉尔森医生的案例中，他提供了致命病毒的解决方案。普通民众显然已经观察到了病毒的灾难性，并且不会质疑其致命的后果，而帮助解决这场灾难的吉尔森博士，其行为获得了相应的肯定和回报。因为人们亲身感受到了灾难的存在。

在第二个案例中，马克森博士提供的是对致命灾难的预防措施。病毒尚未导致可见的严重后果，大部分的民众也没有亲身经历病毒的可怕，这当然是一件好事，但正是因为将病毒扼杀在小范围内，马克森博士的贡献无法像提供了解决方案的吉尔森博士那样，得到民众的承认或奖励。

更重要的是，因为灾难在暴发前就被防治了，所以广大公众可能并没有认识到其真正的破坏力。但一个灾难的破坏性越大，从亲身经验中体会其破坏性要付出的代价就越大，预防就越是不可或缺。值得庆幸的是，现实世界中有许多人像我们这个虚构故事中的马克森博士一样，正在默默无闻地为灾难的预防做出贡献。

例如，在过去几十年里，全球的科学家和卫生系统工作者们一直在不断尝试预防埃博拉病毒的大暴发。埃博拉病毒的致死率很高（世界卫生组织报告其致死率平均为50%）。他们的确做出了非凡的贡献，例如，据报道称，在电力供应不稳定的地区，一些埃博拉病毒的预防药物被运输到当地并在极低温度下保存；当地的治疗中心正在建设；埃博拉病毒感染者和他们的密切接触者正在接种疫苗；社区也在致力于宣传埃博拉病毒的科学知识，破除不实的信息和谣言。所有这一切，有时候甚至需要他们冒着人身安全的风险去开展。

更幸运的是，有报道称，我们可能真的快要找到治疗埃博拉的可靠方法了。这是个再好不过的消息，但战胜埃博拉的经验不应该使我们低估那些立足长远的举措，以及疾病治疗之前的防御措施。新冠肺炎疫情也再次展示了，在一场来势汹汹的流行病面前，要提出预防措施有多么困难和耗费时间。因此，在灾难来临之前就设想并落实这些预防措施，就变得非常重要。

流行病预防创新联盟（Coalition for Epidemic Preparedness Innovations）应运而生，这个成立于2017年的组织当前的目标是：在各类流行病演变成全球性威胁之前，调动全球的资源和力量，组织有效的防御措施，并资助疫苗的研发。我们只能期盼，新冠肺炎给全球带来的教训最终能够促使各个国家和地区，支持此类防御性举措的制定和实施。

要预防一个问题，我们就需要先承认问题的存在和潜在的影响。但我们过去的经验不一定能够提醒我们注意到可能存在的灾难，及其可能发生的严重后果。想一想恐龙是如何灭绝的就知道了，恐龙的经验并不会提醒它们，一颗来自外太空的行星可能撞击地球并导致整个种群的灭绝。

如果一场灾难的确得到了预防，那么我们就不会经历它，不会形成经验，也不会真正了解其可能存在或潜在的影响。反过来，这又将导致预防未来发生类似灾难的工作变得更加困难。因此，成功地防患于未然，反而会导致预防工作更艰难。

然而，导致人们无法认可和奖励预防工作的另一个障碍，是对可能引发灾难的罪魁祸首的问责。毕竟，不得不预防灾难的前提，可能是因为有人犯了错误。然而，各个组织或社区可能耻于披露自身的失误，并最终导致预防工作的功臣被隐藏在公众经验和视线之外。

导致事情变得更复杂的是，由于经验未能适当地教会我们有关预防的知识，我们也将无法正确地认识到预防的重要性，或给予适当的肯定或奖励。最终，我们可能只得到少于预期的预防措施，或得到的时间比真正需要的时间晚得多。但谁知道呢？或许在金融危机爆发之前的几年中，已经有一些人真正努力地防止了一场潜在的重大金融危机。有很多书籍或电影都讲述了那些因为危机和灾难而受益或受苦的人，但关于灾难的预防者，或那些至少在失败前尝试过预防的人，却没有多少。

我们将这种现象，称为“阿尔希波夫-彼得罗夫之谜”。

瓦西里·阿尔希波夫（Vasili Arkhipov）是20世纪60年代苏联军队的潜艇舰队指挥官。在古巴导弹危机期间，他拒绝批准核攻击，从而阻止了一场可能的核战争。尽管事实上，潜艇艇员们都认为，美苏之间已经爆发了战争。据报道，由于感觉到这种想法可能是错误的，阿尔希波夫劝阻了两名打算发射核导弹的高级军官同事，此举很可能拯救了全球数百万人的生命。阿尔希波夫采取的行动，避免了一场可能给我们带来无法承受的教训的核灾难。

斯坦尼斯拉夫·彼得罗夫（Stanislav Petrov）是1983年苏联防空部队的一名上校，在冷战高度紧张的时期，他也阻止了一场核灾难。当时，用来提醒苏军注意美军攻击的早期探测系统竟然把一些罕见的天气现象误认为是来自美国的洲际弹道导弹。彼得罗夫没有因为这次“攻击”拉响警报，而是报告了系统故障。如果他没有发现这个故障，数百万人可能会死亡。他同样也帮助避免了一场可能给我们带来无法承受之后果的灾难。

在获得认可和奖励方面，有一些预防者更幸运。阿尔希波夫和彼得罗夫的预防行为在事后得到了认可。而保罗·J. 克鲁岑（Paul J. Crutzen）、马里奥·莫利纳（Mario Molina）和弗兰克·谢伍德·罗兰（Frank Sherwood Rowland）这三位科学家因为展示了某些人造化学品对臭氧消耗的影响，并推动全球范围内加快采取即时预防措施的行动，于1995年获得了诺贝尔奖，这是对他们努力工作和贡献的肯定和表彰。

但理查德·瓦莱里·穆佐科·基邦（Richard Valery Mouzoko Kiboung）的故事却十分迥异。作为一名流行病学家，他加入了世界卫生组织遏制埃博拉病毒传播的团队。据报道，2019年春天，他在应对埃博拉疫情时遇袭身亡。他在疫情防治中的贡献可能帮助了许多人避免死亡的命运，他本可以帮助更多的人，但却丧生于与疫情无关的恐怖袭击。但他的死亡，及其可能在其他卫生专业人员和雇用他们的机构中引起的恐惧，可能会导致未来的预防工作更难开展，这是一个悲剧性的后果。

我们应该为这些努力阻止灾难发生的人们设立更多专门的奖项，给予更多的荣誉和认可。然而，整个人类社会，从整体而言，对他们的认可度还不够。我们仍可以更加努力地推动、去奖励这些有效的预防工作，尤其是那些旨在避免潜在的、不可逆转的全球性灾难的预防工作。我们可以尝试设立一个新的国际奖项，表彰在相关领域，如交通、技术、健康、经济、环境等方面可行的预防措施。我们可以将其命名为“阿尔希波夫·彼得罗夫奖”。

侥幸脱险：
当一场灾难被侥幸躲过时

与预防措施密切相关的一个现象，被我们称为“侥幸脱险”

(near misses)——即伪装为成功的失败，糟糕的事情几乎成真，使我们有能力近距离了解可能发生的灾难，且不需要承受其糟糕的后果。

侥幸脱险的经历是提供经验的信息宝藏。不幸的是，从这些事件中学到的经验也并非轻而易举获得的。你上一次因为死里逃生而庆幸，是什么时候？也许是在开车时看手机，却在惊险的最后一刻抬起头，避免了一场车祸？我们大多数人或许都经历过一次或数次这样的险境。但是，我们从这些侥幸脱险中吸取的教训，远不如从付出高昂代价的错误中吸取的教训多。毕竟，这些事件虽然几乎发生了，但却没有导致任何创伤性的经历或后果。

尤其在企业或组织机构中，未遂事故往往会被造成失误的人进一步隐藏和淡化。在差点犯下严重错误的时候隐瞒不报，是人的天性。而且企业组织中现行的激励措施也不鼓励人们主动上报自身的失误。此外，从差点发生在他人身上的事件中，我们也无法吸取有用的经验教训，哪怕这个事件某一天可能影响到我们自身。

更糟糕的是，这种隐瞒不报的未遂事故甚至会增加灾难在未来发生的概率，如果有一个被掩盖的失误没有造成麻烦（或者更糟糕的是，意外地导致了成功），那么它很可能会在某个时候再次发生。但因为阴差阳错地取得了令人满意的结果，很多人会继续使用同样的流程或系统，导致其风险仍然存在。

由于这些原因，在制造业、航空业和医疗保健业等主要关注安全的行业，忽视重要的险情是不可接受的行为。这些行业的许多公司都建立了报告制度，鼓励那些意识到问题的人积极向上级管理层报告，且在某些情况下可以匿名汇报。得益于匿名汇报的机制，管理者可以采取必要的预防措施，避免未来可能发生的灾难。有时，飞机在出了问题后仍然能够安全降落，将该事件视为可能发生的灾难就可以提供宝贵的教训，避免真正空难的发生。

然而，即使在灾难发生的可能性很高、潜在影响极大的情况下，从侥幸脱险的事件中吸取教训仍然是罕见的例外，而不是常规操作。

2004年，飓风“伊万”袭击了墨西哥湾、加勒比海和美国东南部，造成了严重的混乱和破坏，但它也带来了一次侥幸脱险的经验。

最初的预测显示，飓风将全力袭击新奥尔良。因此，该城市1/3的人口撤离了家园。疏散行动本身的代价是昂贵而可怕的，人们被困在设计拙劣的逃生路线上长达数小时，有些人即使想走也走不了。

然而，幸运的是，飓风“伊万”没有袭击新奥尔良。

在这次事件发生时，社会学家雪莉·拉斯卡（Shirley Laska）正在研究自然灾害对该地区的潜在影响。她的家和办公室都在新奥尔良，她清楚地意识到，如果飓风来袭，这座城市无法在飓风中幸存。这次与飓风灾害擦肩而过的经历让她有机会将自己的担忧落实为具体的分析。事件发生后，她就在《自然灾害观察家》（*Natural Hazards Observer*）发表了一篇题为《如果飓风“伊万”没有错过新奥尔良会怎样》的文章。根据现成的证据和预测，她详细介绍了飓风可能给新奥尔良造成的破坏。国会注意到了她的研究，并邀请她到国会发言，在发言中雪莉表示，类似的飓风将导致数百人死亡，数万人受困，其中大多数是社区的贫困成员。

后来发生的事件证明了她的说法并不是空穴来风的猜测。在拉斯卡发出警告后不到一年，“卡特里娜”飓风就全力袭击了新奥尔良等城市。据报道，在飓风来袭的3天之前，国家气象局专门联系了拉斯卡，请她提供建议，新奥尔良可以做些什么应灾准备。但在飓风来临的时候再吸取之前的教训，已经为时过晚。“卡特里娜”飓风导致了数百人死亡，数以万计的人被滞留在悲惨的环境中，其中大部分是社会的弱势群体。

在这种情况下，经验并不是一个可靠的老师。该地区曾有过飓风侵袭的记录，这个城市已经有一份可靠的专家报告，专家根据一次具体但侥幸逃脱的险情发出了严重的警告。但是，这些都不如来自经验的教训来得有力，无视了从侥幸逃脱的情况中吸取的经验教训使新奥尔良遭受了比本应受到的更大的伤害。同样，鉴于非典型肺炎和中东呼吸综合征等流行病对世界大多数人生活的影响相对较小，它们可以被认为是在席卷全球的新冠肺炎疫情暴发之前的侥幸脱险事件。我们本应从它们身上吸取经验教训，但新冠肺炎的现状让我们知道，我们或许未能做到这一点。

2008年，拉斯卡获得了美国社会学协会颁发的“促进公众理解社会学杰出贡献奖”，以表彰她在“卡特里娜”飓风发生之前、之中和之后的努力。这是个好消息，然而，如果她发出的警告得到重视，“卡特里娜”飓风造成的破坏被降到最低，在这种情况下，我们还会不会认识她，会不会授予她奖章？没有人知道。不过，像她这样的人还是应该被更多人知晓，我们也应该致力于遵循他们的意见。

把握风险的现实：掌握统计知识的好处

正如我们所看到的那样，许多相互关联的错综复杂问题的存在，使我们很难从经验中吸取有用的教训，帮助我们预测、准备和避免灾害。有一些工具和实践有可能提供帮助，但将它们付诸实践却受到许多因素的阻碍。这些因素包括：难以将个人的经验与具备统计学素养的专业分析师的看法联系起来——我们称之为个人经验与专家意见的认知鸿沟，以及我们基于经验的直觉与概率计算所揭示的现实之间的不匹配。

导致情况变得更加复杂的是，专家的动机和他们的个人诉求也难免受到质疑。那些自称是专家的人的资质是否真的可靠？他们中的一些人是否有既得利益影响了他们的判断、分析和建议？有没有可能某一领域的不确定性太高，以至于不存在真正的专家？专家们在过去已经错了那么多次，为什么我们还要相信当今许多专家的说法呢？

这些担忧自有道理，然而，这种态度很容易走向极端。在《专业之死》（*The Death of Expertise*）一书中，政治学家汤姆·尼科尔斯（Tom Nichols）警告说，不可坚定不移地、有时甚至是充满敌意地反对外来意见，尤其是当它们的信息与一个人的直觉相冲突时。怀疑是一种宝贵的品质，适度地将怀疑应用到自己的经验和由此产生的直觉上也不会有什么坏处。

如果我们将这一理念应用于灾难的背景下，那么就有可能更好地弥合大众和专家在经验方面的认知鸿沟。一个例子就是1987年9月16日达成的《关于消耗臭氧层物质的蒙特利尔议定书》（*Montreal Protocol on Substances that Deplete the Ozone Layer*）。在这个协议达成之前，专家们已经指出，某些人工制造的化学品一直在迅速破坏臭氧层。虽然并没有可靠的经验提示我们要警惕这个前所未有的问题，但科学研究表明，臭氧侵蚀对环境和我们的健康都产生了不可逆转的不利影响。最终，人们决定用创新的方式来解决这个问题。现在，我们可以期待臭氧层在2050年至2070年之间的某个时候，恢复到1980年的水平。

我们如何能够从这类成功的案例中吸取教训，增加及时且有效识别和处理潜在灾害的机会和能力？一个重要步骤就是提高全民的统计学素养。

这不是简单地在学校上一节概率和统计学的课就行了。1992年至2017年期间，美国首席统计学家凯瑟琳·沃尔曼（Katherine Wallman）将统计学素养定义为："理解和批判性评价渗透到我们日常生活中的统计结果的能力，以及能够理解和肯定统计思维在公共和私人、专业和个人决策中所做出贡献的能力。"

获得统计学素养的一种方式，是关注和思考相关领域的科学家的作品和论点，他们把自己的专业生命献给了如何以通俗易懂的方式，向公众传达统计见解的问题。从根本上说，这些专家承担了帮助民众更好地理解专家的重任。

这些专家中最著名的一个，就是已故的汉斯·罗斯林（Hans

Rosling），他贡献了一长串的统计分析方法，以浅显易懂的方式展示了复杂的社会和经济数据。他与他人合作撰写了《事实》（*Factfulness*）一书，并与他人共同创立了Gapminder基金会，该基金会致力于“制作免费的教学资源，以可靠的统计等数据的方式使复杂的世界变得易于理解”。多年来，我们（作者）也从格尔德·吉仁泽（Gerd Gigerenzer）、霍华德·维纳（Howard Wainer）、纳西姆·塔勒布、大卫·斯皮格尔霍尔特（David Spiegelhalter）、班·高达可（Ben Goldacre）、菲利普·泰罗克（Philip Tetlock）、安德鲁·格尔曼、约翰·艾伦·保罗斯、萨姆·萨维奇（Sam Savage）、爱德华·塔夫特（Edward Tufte）和斯拜罗·马瑞达克斯（Spyros Makridakis）等人的作品和讨论中学到了很多东西。他们有不同的专长，我们在本书的许多章节中都会引用他们的观点。

这些专家和类似的专家通常都有自己的观点，而且不一定在每个问题上都达成一致的意见或理解。然而，他们讨论统计等语言的方式，都旨在让非专业人士更容易理解其他专家的信息，从而使我们能够对需要做出重要决定的背景做出知情的判断。

在发生灾害的情况下，统计学知识不仅能够帮助我们优化直觉、寻找个人经验之外的东西，还有助于我们区分专家的建议是好还是坏。它将帮助我们认识到专家知识与个人经验之间的认知鸿沟，并避免因个人观察到的情况和专家告知的信息之间的简单冲突而轻视（或放大）末日情景。我们将能够在较长时期内更客观地跟踪灾害易发过程，更早地否定低劣或有问题的分析，听取那些提出更好论点的人的意见，从过去的创伤中吸取适当的教训，并在是否采取后续行动方面做出更明智的决定。

通过统计学的思考，我们不仅可以了解经验和分析能带来什么启发，还能够更好地辨析误导性的经验。因此，科学家和政策制定者在思考潜在的灾难时，经常考虑的一个概念是预防原则。这个原则能够帮助解决的问题是：当经验不可靠、科学知识不存在或不充分时，我们应该如何着手做出重要决定。这个原则建议我们提问：我们试图避免的最终危害，其破坏性是否足够巨大，以至于即便现有的经验和证据表明其发生的可能性很低，我们仍然应该做好应对的准备？如果在一个新的领域有多种不同的应对方式，哪种方式能更好地确保具备不可逆转影响的灾害发生的可能性降低？

基因组编辑就是这样一个例子，在这种情况下，预防原则被认为是首要原则。这是一个高科技领域，发展迅速，并可能产生影响深远的长期后果。例如，我们知道，某些基因的微小变化产生的影响会以我们无法可靠预测的方式，影响到未来的许多代人。当涉及到人体细胞时，比如那些组成器官和血液的细胞，基因改造一般只影响接受治疗的人。但构成我们精子和卵子的生殖细胞会将我们的基因传递给后代，这意味着编辑这些细胞的基因将不可逆地干扰进化的自然过程。目前，大多数科学家对这种编辑持极端谨慎的态度，这意味着即使技术允许，某些基因编辑程序也可能被反对或禁止。这就是预防原则的作用。

然而，这一原则的应用并不总是如此简单。近几十年来，有报告称，全球已经存在几项小规模的实验涉及到人类的生殖细胞系基因改造。例如，我们知道其中有一些案例，是为了提高生育能力，或提供对某些疾病的抵抗力而进行，但也可能存在我们根本不知道的其他基因改造项目。这些举措在科学界引发了很多关于伦理和实践方面的争论。我们无法确定这种基因突变可能产生的其他长期影响。那么，当涉及到这种基因改造工程时，我们该在哪里划定界限？我们该如何划定这条线？我们又该何去何从？

这是一个复杂的问题，不能依靠我们从历史经验中学到的东西来解决。不可避免的是，有些基因改造的做法势必会打开一个潘多拉的盒子，它可能产生的关键性后果是我们短期内无法预见的。所以，哪怕我们做了最好的打算和预防措施，从长远来看，一些灾难最终还是会发生，我们终将无法逃避。但是，如果我们希望提高减轻灾害的能力，并将灾害的危害程度降到最低，我们就必须抵制由经验造成的各种错觉，并考虑采取有助于吸取正确教训的方法，以造福子孙后代。

本章小结

什么是缺失的？什么是不相关的？

经验能保护我们免受许多日常危险的伤害，教会我们如何管理和避免这些危险，其好处显而易见。然而，当涉及到罕见的、有影响的事件时，我们的个人和日常经验却不能提供足够的指导。经验既无法帮助我们理解昨天的灾难，也无法让我们为明天的灾难做好准备。

不相关的日常宁静。我们的经验来自过去和现在，并不能提供关于前所未有的灾难的明确信号。相反，日常的经验反而会带来一种虚幻的安全感。

缺失的灾难性影响。经验不仅不能及时地警示罕见灾害的存在，也无法可靠地告知其潜在的影响。

缺失的预防措施。在灾害发生之后，为缓解灾害而采取的行动往往能够得到认可和奖励，而预防灾难的行动和成就通常是无法观察到的，且因为预防措施阻止了灾难的发生，我们可能因此而进一步低估其价值。

缺失的侥幸脱险的经验。侥幸脱险的经验，通常是可能发生但最终没有实际发生的潜在危害，能够为我们提供宝贵的经验和信息。识别这些事件并吸收其带来的教训，能够帮助我们更好地预防未来的灾难。

缺失的必需的统计学素养。专家提出的警告往往与个人基于经验的认知存在巨大的差异。统计学知识可以帮助我们掌握和接受关于危险趋势和未来风险的科学警告的含义。

归根结底，面对潜在的灾难，是否采取行动的决定权仍在我们手中。但为了做出知情的决策，我们还是同样需要超越经验，做出科学的判断。

FREE CHOICE THAT ISN'T

第四章

有名无实的自由选择

当经验限制了选择的自由时，我们要提升敏锐度来重新考量选择

请依据下列信息，做出决策：

01000001 00111010 00100000 01001100 01101111 01110111 00100000

01110010 01101001 01110011 01101011 00100000 01100001 01101110

01100100 00100000 01101100 01101111 01110111 00100000 01110010

01100101 01110100 01110101 01110010 01101110 00001101 00001010

01000010 00111010 00100000 01001000 01101001 01100111 01101000

00100000 01110010 01101001 01110011 01101011 00100000 01100001

01101110 01100100 00100000 01101000 01101001 01100111 01101000

00100000 01110010 01100101 01110100 01110101 01110010 01101110

大部分不精通二进制代码的人都无法根据这个信息做出任何决

策，因为我们根本不知道这个决定是什么。因此，我们可能需要精通二进制代码的人设计一个界面，让我们能够以一种可以对情况做出明智判断的方式，看到这些二进制代码传递的信息。

这些二进制代码的信息，以下面这种界面形式呈现：

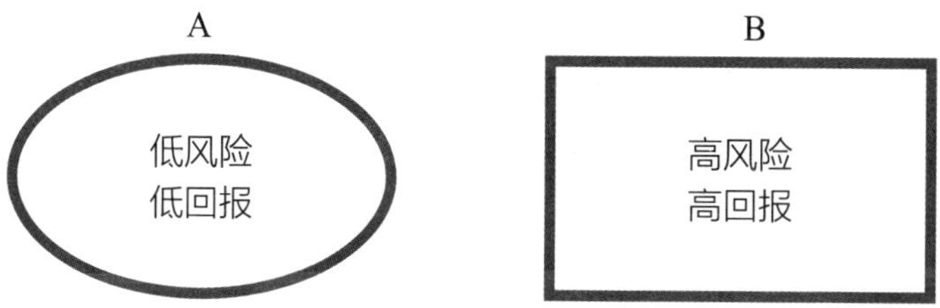

这种可以理解的信息，让我们能够对情况形成更清晰的认知。

我们知道，当前存在两种不同的投资选择，且对它们之间的差异有了一定程度的了解。当然，我们可能还需要学习更多的信息才能做出决策。毫无疑问，我们的最终决策必定取决于投资的背景，且取决于具体的风险、回报、收益和成本等信息。在考虑所有细节信息之后，我们最终可能既不选择A也不选择B。

但是如果这些信息以一排排的1和0来呈现，我们甚至看不出问题在哪里。然而使用第二种界面的经验，在帮助我们最终做出明智选择方面发挥了十分巨大的作用。这种设计将我们大多数人无法理解的情况转化为可以轻松理解、能以直观方式参与其中的形式。

虽然现代生活中的许多方面不像二进制代码那样晦涩难懂，但同样容易令人费解。

技术、全球化和社会的快速变化给现代人带来了前所未有的机遇，使我们可能获取各种商品、服务、信息、联系和机会。公司、政客、组织机构、伟大的事业，以及我们周围的人，都在不断地争夺我们的时间和关注，为此我们经常发现自己需要同时关注多个目标、激情、想法、职责、责任和选择，并因此而分身乏术。我们的注意力、时间、精力、资金和能力都是有限的，在这样一个复杂而高要求的世界里，我们如何管理自己的决策？这是一个极其重要的问题，关乎我们在这个日益复杂的社会中能够扮演什么样的角色。

因此，越来越多的人开始研究，可能影响我们在几乎所有可想象场景下做出判断和决定的因素，且研究的数量激增。有越来越多的调查，致力于为医生如何诊断、法官如何断案、管理者如何管理、员工如何工作、教师如何教学、学生如何学习、投资者如何投资、卖家如何销售、消费者如何消费等方面，提供新的见解。而这些调查的成果也正在逐渐成为主流。心理学家丹尼尔·卡尼曼（Daniel Kahneman, 2002年诺贝尔经济学奖获得者）和行为经济学家理查德·塞勒（Richard Thaler, 2017年诺贝尔经济学奖得主），均因其对心理学如何塑造经济和社会决策方面的贡献而获得诺贝尔奖。

在这个不断发展的研究领域，一个核心的发现是，在正确的时间，基于正确的理由，做出正确的选择，并非易事。一方面，我们珍视自己的自由，小心翼翼地保护我们自己做出决定的自主权。另一方面，我们又需要他人的帮助来快速获取可靠的信息，借此理解正在发生的事情并据此做出决策。这就是体验设计（experience design, XD）发挥作用的地方。

体验设计（XD）是一门元学科，从心理学、设计、技术、建筑、营销、管理和传播等领域中汲取了见解。这门学科主要关注的是人们对各种商品、服务、场所、过程和环境的体验方式的理解和塑造。体验设计的实践者既关注我们与特定物品或环境的分分秒秒的互动，也关注这些互动对我们产生的长期影响。

体验设计催生了一系列新的职业。有客户体验（customer experience, CX）专家、用户体验（user experience, UX）专家、体验架构师（experience architexts, XA）、设计型思考家和选择架构师。无论是独立工作，还是以团队为形式工作，这些人通过界面的设计使体验变得可理解，决策变得可管理。在当今的数字世界里，这些人经常被要求将二进制代码转化为我们可以轻易理解和回应的视觉、语言和听觉线索。例如，只有掌握了必要的工具，我们才能毫不费力地浏览互联网并寻找相关信息，没有这些工具，我们就无法利用互联网。因此，体验设计在数字化世界的许多影响深远的创新中，扮演了必不可少的角色，可以说，没有体验设计，我们就无法在数字化的世界里生存。

未来学家阿尔文·托夫勒（Alvin Toffler）在其1971年出版的《未来的冲击》（*Future Shock*）一书中，已经预见到了体验设计的兴起。在第十章“体验制造者”中，托夫勒预见到了“经济的心理学化”，即生产商和供应商越来越需要关心消费者如何体验所提供的商品和服务，而不仅仅关注产品或服务的效用。例如，汽车主要功能可能是作为一种运输工具，但随着竞争和市场复杂性的增加，汽车设计的细节以及这些细节对驾驶者和乘客体验的影响，在人们的偏好和选择中发挥着越来越大的作用。

这样的冲击已经不再是遥远的未来。在1999年出版的《体验经济》(*The Experience Economy*) 中，美国学者约瑟夫·派恩二世 (Joseph Pine II) 与詹姆斯·H. 吉尔摩 (James H. Gilmore) 认为，现代经济的价值和重点应该是如何服务于人们的体验。在这样一个经济体系中，每一个供应商都在不断尝试实现改善消费者和用户体验的设计。

体验设计时代创造了一个新世界，在这个世界里，无数的组织正在努力通过精心设计的体验设计来满足我们的个性化需求。因此，我们有机会接触和获取非常多的信息和种类，以及广泛的新技术。所有这些都是为了帮助我们更深入地了解当前所面临的情况，并以此为基础做出更明智的决定，无论是关于我们所购买的产品、我们所信任的新闻来源、我们所做的投资、我们所支持的慈善机构，还是我们投票支持的候选人。

当然，我们最终获得的结果可能并不总是能够控制或预测的，但得益于不断进步的体验设计学科，我们可以在做出的选择方面享有更大的自由。

听起来简直完美，会有什么问题呢？

当利益各方的目标发生冲突时，问题就会出现。当我们的愿景和欲望与为我们设计体验的人的目标不一致时，会发生什么？毕竟，通过设计体验来引导我们以特定的方式进行选择，能够为设计者们带来大量的金钱、权力和影响力。只有当精心设计的体验设计能够让我们认为是自己——而非体验的设计者——实际上拥有掌控权，其有效性才能够得到强化。因此，在我们自认为掌握的决策自由度和实际拥有的决策自由度之间，可能存在巨大的差异。更糟糕的是，高管、企业家、政策制定者们现在能够收集并分析大量关于我们的特征、选择、人际关系和偏好的数据和信息，且这个被采集的信息量还在与日俱增。

再加上对决策动态的持续研究，这样的大数据将使他们能够预测，什么样的体验能够带来特定的判断、意见、信念、倾向和行为。掌握了这些知识，他们就能够通过设计特定的体验实现他们的目标。而决策的重要性越强，他们就越有动力引导我们的意志向他们的意志屈服，但同时让我们相信，一切尽在自己的掌握之中。因此，盲目依赖我们个人的经验，可能会导致我们做出外部影响者精心策划和引导的决策。

影响个人选择的因素数不胜数，且其影响力因人而异、因事而异。例如，我们在做医疗决定时，可能会倾向于严重依赖医生的意见，但在选择度假地点时，可能对他人建议的影响免疫。考虑到所涉及的影响和风险，这种行为在每一种情况下都将使我们有更好的机会达到我们的预期目标。

但是，这些可预测的决策倾向也可能被利用来进行体验设计，诱导我们做出违背自身最佳利益的决定。为了帮助大家更好地理解，我们会在下文中详述可能影响到体验的3个主要因素：情绪、选项和游戏。

在我们意识到个人的直觉和偏好会受到各种形式的体验设计的不同影响之后，我们就可以开始考虑，如何在必要的情况下重新考虑或对抗这些诱导机制。然后，我们就能更清晰地知道，自由选择的结束和他人影响的开始之间的分界线在哪里。

你觉得炙热吗？
情感体验的设计

艾德华·克拉帕雷德（Édouard Claparède）是20世纪初一位有影响力的神经学家。他曾治疗过一位患有特殊失忆症的病人，这位病人无法形成新的记忆。据报道，她无法认出自己经常遇到的医生或护士。当有人给她读一些东西时，她不仅很快就会忘记听过的内容，而且还会忘记有人给她读过这件事。从本质上讲，她的情况类似于2000年电影《记忆碎片》（*Memento*）中的主人公，或2003年动画《海底总动员》（*Finding Nemo*）中的多莉。

这当然是一个悲伤的故事，但这种异常的情况往往也能够让科学家们看到人类大脑的功能和边界。通过更详细的病情分析，克拉帕雷德希望能更好地辨别创伤经历可能对人的思想和行为产生什么样的影响。于是，他设计了一个小测试。

一天，当他再次见到病人时，他像往常一样和她握手介绍自己。但这一次，在握手时，他用藏在掌心的针扎了一下她的手。这个举动把这个脆弱的女人吓了一跳。在她看来，这是第一次见到自己的医生。她曾坚定地相信，医生是为了帮助她，而不是伤害她。但这个动作的创伤，对她来说是真实的，她也做出了恐惧的反应。而没过一会儿，她再次不可避免地忘记了这件事。

随后，克拉帕雷德又一次走近她，介绍自己，仿佛他们之前从未见过。他伸出手，进行自我介绍，这次掌心里没有针：他是来帮助她的。她的病情，导致她以为彼此从未见过面，但她拒绝与医生握手。

克拉帕雷德认为，尽管不存在任何清晰的想法或回忆，但她刚刚经历的可怕痛苦，还是影响了她。在《情感大脑》（*The Emotional Brain*）一书中，神经科学家约瑟夫·勒杜（Joseph LeDoux）用这个故事，将“情感记忆”定义为一种能够帮助人类在无需思考的情况下了解周围的威胁和机会的机制。情绪对人类的生存很有用，能够帮助我们适应复杂的世界，并存活下来。我们当前和过去的感受，以可预测的方式引导我们，并对我们随后的信念和行为产生影响，哪怕我们没有意识到它们的存在。

在《笛卡尔的错误》（*Descartes' Error*）中，神经科学家安东尼奥·达马西奥（Antonio Damasio）描述了情绪与思维和行为进行互动的另一种方式。达马西奥讲述了他与存在另一种类型的大脑损伤的病人的互动情况。这种类型的大脑损伤，导致病人无法将情感与推理结合起来。而事实证明，在情感缺席的情况下，进行正常的决策几乎是不可能的。

例如，有一次，当达马西奥要求病人从两个日期中选择一个作为下一次看诊的时间时，他观察到病人陷入了冗长的成本效益分析，但最终未能做出任何决定。病人显然对“以前的看诊时间、看诊时间是否与其他约定冲突、可能的天气因素，以及其他关于一个简单日期的所有合理因素”感到焦躁，并无法做出最终的决定。

达马西奥认为，这个案例说明了，人类需要情感的帮助来主观地权衡任何决定的成本和收益，并做出最终的选择。在试图做出一个决定的过程中，我们不仅会思考与之相关的事实，也会给它贴上历史经历的情绪标签。在这个过程中，我们的感受很重要。之后我们用这些情绪标签来回忆这段经历，对类似的问题做出新的决定。

在《星际迷航》(*Star Trek*)的宇宙中，瓦肯人是一个可以将情感与理智决策完全分离的物种。但我们人类做不到这一点，鉴于情绪在储存和召唤经验方面扮演了核心角色，了解情绪对我们决策的影响对我们来说尤为重要。幸运的是，其中一些情绪的影响是可以预测的。

例如，在盛怒的情况下，我们往往会比其他时候更愿意冒险，而这种倾向被证明在某些特定情况下是有用的。但这种情绪也可能使我们高估自己的能力和想法，且不愿意认错。例如，在吵架时，我们通常会讲话更大声、更不愿意听取对方的意见，且说出一些言不由衷的话。

当我们感到悲伤时，我们对世界往往持有更悲观的看法；而当我们感到高兴时，我们会变得比平时更包容和友善。

恐惧情绪会垄断我们的注意力，当我们感受到威胁时，恐惧情绪将促使我们的身体采取行动，因此恐惧对人类的生存至关重要。而对潜在损失的恐惧将影响我们承担风险的意愿。法律就经常依靠人们对惩罚的恐惧来阻止犯罪行为。但过度的恐惧也会导致人无法动弹，在极端恐惧的情况下，人们可能会倾向于铤而走险，以摆脱当前的可怕局面。

厌恶的情绪也会在我们的思维中发挥强大的作用。在《正义之心》（*The Righteous Mind*）中，社会心理学家乔纳森·海特（Jonathan Haidt）解释了厌恶情绪如何影响我们的社会认知、道德判断和政治态度。

掌握了关于人类情绪对决策行为的影响，以及关于个人的特征和历史决定的相关数据之后，那些为我们设计体验的人就掌握了强大的资源。因此，在利润丰厚的情况下，体验设计从业者会尤为强调在个人的体验中建立强大的情感吸引。当这些设计能够将我们面临的困难决策过程变得更有趣或更具吸引力时，这可能是有益的做法，但它也有可能被滥用。

纵观历史，围绕情感设计的信息和活动，被应用于不同的环境和领域。它们生动地说明了，人类的情感体验的强大吸引力是如何胜过我们的认知能力的。不管我们的教育水平如何，我们往往都会被操控并犯下本可以避免的错误，并重复这些错误。为了获得真正的选择自由，我们必须学会从另一个角度，重新评价我们的情感体验及其背后的设计。

但情绪显然并不是唯一可以被利用来影响我们决策的经验因素。

你喜欢哪个？

被设计的选项经验

我们（作者）观察了彼此2岁的子女和孙辈。当他们长到2岁，并意识到自己可以做出一些决定时，我们观察发现了一些令人激动的结果。

2岁的孩子以顽固出名，有时候会用尖叫和眼泪表达对自己选择的坚持。试图跟他们讲道理是完全行不通的。例如：

“亲爱的，我们把外套穿上吧！”

“不要！”

“宝贝，我们都需要穿上外套，外面很冷。”

“不！”

“宝贝，你必须穿上外套。”

“不要啊！不！”

幸运的是，在我们之前，已经有一些父母遭遇了同样的情况，并给出了一些可行的解决方案。经验告诉父母们，试图通过礼貌请求—要求听从—试图讲道理的循环达成目标，只会让事情变得更糟糕。所以，学乖了的父母们通常会给2岁的孩子提供两个选择，而不是一个。因此，2岁小孩最终的决定，从穿或不穿外套，变成了穿这件还是穿那件。

我们尝试了这个选这件还是选那件的外套解决方案，发现通常都能够奏效。2岁孩子发脾气的平均持续时间和强度都有所减少，而且大多数时候，全家人都能够穿着外套出门。

这是一个简单、实用的例子，说明了设计选择的力量。通过刻意设计的选择，我们有望影响人们（在这个案例中，2岁的小孩）对选择的反应方式。当然，作为成熟而精明的成年人，我们不可能被这么幼稚的把戏蒙骗。

但，真的是这样吗？

假设一家商店里有2种盒子可供选择（它们可以是杂货店里的饼干盒，也可以是药店里的纸巾盒，具体是什么盒子并不重要）。一个盒子是灰色的，一个是黑色的。2个盒子只存在颜色的差别，且二者的价格都是5美元。

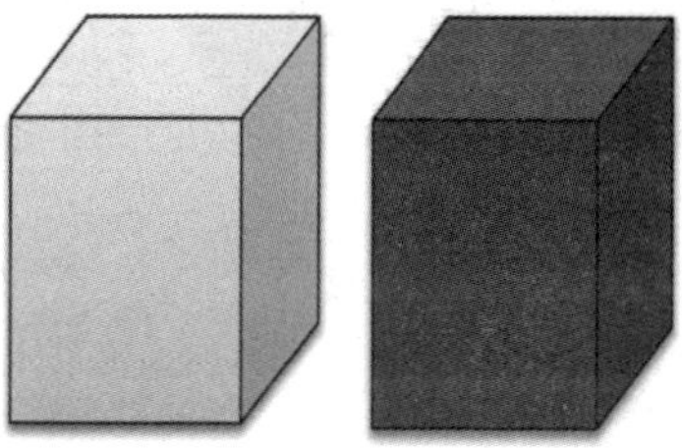

有的顾客选择买灰色，有的选择买黑色。但是，假设一个制造商想在不干涉顾客的选择自由，或限制顾客选择的前提下，说服更多的人购买灰盒或黑盒。制造商要如何做才能达到这个目的呢？

一种可行的做法是增加一个可供选择的盒子类型。新增的盒子选项，与制造商希望销售更多的盒子完全相同，只是体积稍小。如果他们把这第3个盒子也定价为5美元呢？

它可以是灰色的，如图所示：

也可以是黑色的，如图所示：

这个解决方法，听起来很荒谬，因为在等同价格和设计的情况下，大概不会有人选择小盒子。为什么会有人愿意花同样的价格去选择一个更小的商品呢？提供一个新的选择的确会影响到客户的体验，进而影响他们的选择。不知道大家是否感觉到，添加了价格相同但规格更小的盒子后，同种颜色但规格更大的盒子看起来更有吸引力了？因为在新加入盒子的衬托下，同种颜色的大盒子看起来更划算了，并因此有可能从3个选择中脱颖而出，成为销售量最大的商品。当然，不管出于什么原因，如果有顾客愿意选择购买新推出的小盒子，对制造商来说其实是更好的消息，不是吗？

在两种三选一的情况下，小盒子会被称为诱饵。它的定价和存在，主要是为了影响客户在其他两个选项之间的决策。当然，这个简单的、没有标记的盒子的例子，是一个虚构的抽象比方，而且诱饵也不一定总是能很好地发挥作用。但公司会倾向于使用这种选项设计主要是出于以下几个原因：

第一，选择权仍然属于客户。额外的选项会被视为丰富了客户的体验，且不太可能导致客户放弃购买，有些人甚至可能会因此而更倾向于购买，因为原来的5美元选择看起来“变得更便宜了”。所以，增加的选择不仅没有坏处，还会带来一些真正潜在的好处。

第二，添加的诱饵，不一定要明显地显得不受欢迎。诱饵的外形、类型、价格、数量等因素，公司可以在生产和提供时进行设计，使其本身就具备价值或吸引力。

第三，如果有些人选择购买某些诱饵选项，那也没关系。客户的评价可以是主观的，这是他们的自由选择。

因此，各种类型的选项设计现在已经成为各个行业消费者体验的一部分。一个著名的例子，是《经济学人》在最近采用的销售策略，行为经济学家丹·艾瑞里（Dan Ariely）在《怪诞行为学》（*Predictably Irrational*）中对此进行了详细分析。

当时，《经济学人》为潜在的订阅用户提供了3种可选套餐：电子版订阅59美元；印刷版订阅125美元；电子版+印刷版订阅（捆绑订阅）125美元。这个套餐设计听起来很荒唐，毕竟，在这种情况下，正常人都不会选择只订阅印刷版。事实上，艾瑞里和同事收集的实验数据显示，84%的订阅用户选择了电子版和印刷版的打包套餐，而剩下的人则选择了订阅电子版。没人选择的印刷版套餐，显然是一个诱饵。

所以接下来，研究人员去掉了诱饵选项，看看这种变化会对人们的选择产生什么影响。当来自同一人群的参与者只得到两个选项（仅电子版和打包版）时，68%的人选择了订阅电子版，而剩下的32%选择了打包版。因此，在这个特定的研究中，诱饵的出现使得52%的潜在用户从选择订阅电子版切换到订阅打包版，而这恰恰是出版商希望用户做出的选择。

但先别急着下结论，也许这个案例不过是一个过时或偶然的例外。我们不应该根据几年前的一次实验结果就得出绝对的结论。时代变了，人们对于期刊的喜好或许已经发生了变化。事实上，虽然后来有一些研究人员的确在类似的实验中得出了类似的结论，但也有一些研究得出了不同的数据。这也说明，这种带着明显诱饵的选择设计并不一定总是能很有效地控制消费者的行为。

在当前的情况下，让我们再回顾一下这个经典的订阅案例研究。在2019年撰写本章和2020年重读的时候，我们又查阅了《经济学人》当前供订阅者选择的套餐类型。当我们以非订阅者的身份访问《经济学人》的官网时，该官网除了提供一个介绍性的说明，还给我们提供了三种订阅的套餐。其中一个称为“电子版”，一个称为“印刷版”，还有一个是“电子版+印刷版”，第三个选项被放在前面两个选项的中间，突出显示，并且标着诱人的“超值”标签。而让我们惊讶的是，就像虚构故事中的灰色盒子和黑色盒子那样，三个套餐的价格一模一样：欧洲地区的价格，是每刊20欧元，一年12刊；美国版则是每刊12美元，一年12刊。事实上，在这种情况下，诱饵不是中间那个选项，而是一前一后两个诱饵！

其他销售诱饵的设计可能更为精妙，可能会被设计为可以帮助企业将不同产品的不同定价合法化的形式，并吸引顾客购买企业主推的商品和服务。

例如，一杯咖啡到底应该卖多少钱？4美元的大杯价格，单独来看，可能很难评价其是否合理，但如果加上3.5美元的中杯价格和3美元的小杯价格，那么三个价格乍一看都是合理的。这就是为什么几乎所有的咖啡连锁店都提供多种不同的价格和份量，供消费者自由选择。

同理，一台笔记本电脑应该值多少钱？这很难说，如果一家公司提供的基本款售价为1500美元，稍微好一点的型号售价1800美元，高配置型号2000美元，那么这些定价看起来非常合理。基本款的价格可以证明其他配置更高的款型卖更高的价格是合理的，而中档款的价格会促使顾客倾向于选择更好、更贵的型号。所有的科技厂商都会采用类似的选项设计，在丰富客户体验并为他们提供更多选择的同时，推动最高价格款型的销售，优化企业自身的盈利能力。

事实上，许多直接迎合消费者的公司会通过客户体验的设计，先将消费者锚定在一些选项上，然后再鼓动消费者做出特定选择。要不然，我们就会像2岁的小孩那样，直接选择“不穿外套”，即购买的东西比卖方预期的少，或拒绝购买他们主推的产品。作为被引导的消费者，在卖方精心设计的各类选项面前，我们更容易下定购买的决心。然而，这里存在的关键问题是，通过在许多情况下微调诱饵选项，卖方就可以决定消费者锚定的选项和选择的倾向。

这样的策略也存在随着时间变化而变化的动态特征。例如快时尚行业，在这个行业中，所有的服装品牌都能够迅速完成新商品从设计台到服装店货架的流程。这些快时尚品牌的另一个特点，就是货架上商品更迭的速度非常快，并因此在某种程度上定义了时尚的趋势和风潮。当潜在的客户进入一家快时尚店铺时，他们知道自己现在看到的货品在下一次来的时候，可能已经下架了。因此，出于商品稀缺性及无法购买的担忧，顾客的体验中增加了紧迫感，并可能导致更频繁的冲动购买行为。从这个角度上来说，我们穿什么衣服、穿多久，在某种意义上并不由我们自己决定。如果我们的自律性较低，就很容易受到快时尚品牌的快速更迭的动态选项设计的影响。

同样，科技公司推出新产品和升级产品的节奏，不仅仅是基于技术的进步，也反映了这些公司精心设计的时间线，其目的就是定义用户使用其产品的体验升级。大量的消费者数据让这些高科技公司，有可能通过设计产品更迭的时间线和选项来满足公司盈利的商业目标。

这种精心设计的选项策略，也可以在谈判领域得到应用。

例如，让我们回到本章开始时提出的选项A和选项B之间的决定。这个决策也反映了现实世界中的问题，许多组织在考虑业务战略的重大变革调整时，都会面临这样的选择。

假设某公司已经采用了一个低风险的战略A，虽然收益率很低，但却十分稳定，风险较低。这是他们当前的做法，也是其现状。然后，一位经理人提出了令前景美好的变革，有可能带来更高的回报。然而，与任何重大的变革一样，这个方案B也会涉及更高的风险。因此，简单地说，这家公司就面临了前文所说的A或B的选择难题。

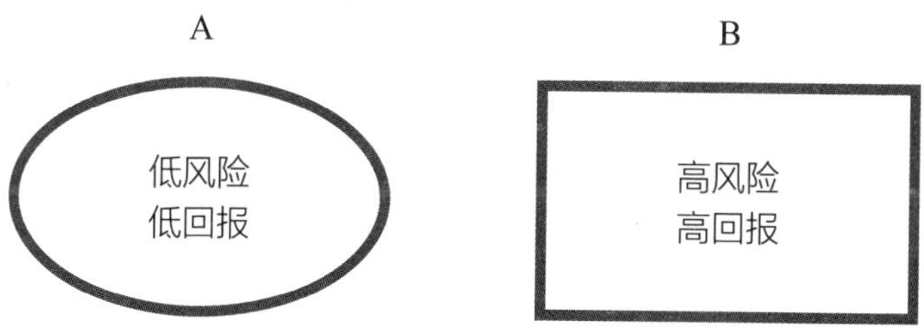

这是一个艰难的抉择，公司是否应该改变战略？是现在就改变，还是以后再变革？需要考虑的已知和未知的影响因素有哪些？在这种情况下，希望推动公司选择新战略B的经理人可能会添加一个新的选项C。这个新增加的选项可能是刻意设计的，其存在的意义就是衬托选项B，使变革的方案看起来更合理、更有吸引力。

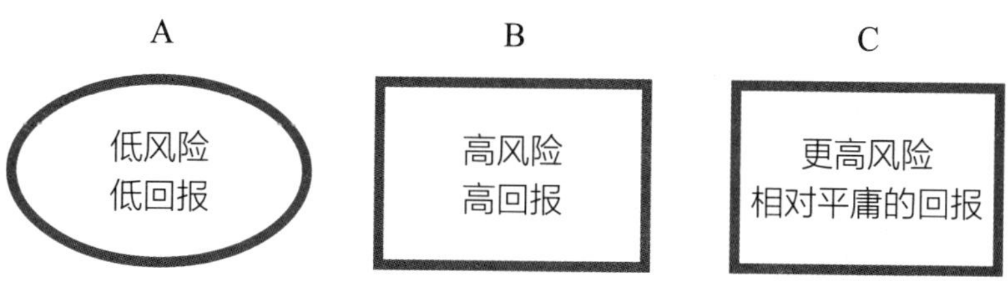

添加了新选项之后，根据现有的条件和参数，选项B的确看起来是“最具价值”的选项，并使得更多人倾向于选择方案B。而且，一

旦添加新选项C之后，人们想要在假设选项C不存在的情况下进行思考是非常困难的，因为抹掉这种体验是很难的，一旦新选项被放到台面上，人们就很难忽视其存在。

当然，这类选项设计可能是出于善意，旨在帮助人们打破令人难以抉择的僵局。但也可能被用于更多值得怀疑的目的，例如对结果施加不当影响、牟取个人的利益，甚至从长远来看，误导人们做出对公司不利的选择，等等。

但总体而言，拥有丰富多样的选择，是现代经济的一个利好特征。毕竟，拥有的选择越多，我们做出更符合个人意愿和需求的决定的可能性就越大，我们也就拥有了更多的选择自由度。

然而，就像情绪一样，选项的设计对个人的决策将产生很大的影响，且这种影响难以抗拒，因为大多数普通人不会参与选项设计的过程，因此也很难知道自己在什么地方受到了这些设计的诱导。为此，我们很难判断，个人的选择自由在什么地方被终结了，以及他人的影响到底是从哪里开启的。

你的游戏是什么？
互动体验的设计

人类天生喜欢游戏，我们喜欢玩游戏，也喜欢看别人玩游戏。这是因为游戏包含了目标和成就、竞争与合作、奖励和惩罚、学习和改进、不确定性和创造性等因素，所有这些体验，都会对人类产生吸引力，并使我们获得参与感。

有些游戏的结构相对简单，比如单人游戏，这是一种不需要与其他玩家互动，只需要与设计本身互动的游戏。在孔明棋（单人跳棋，棋盘是十字型设计）中，玩家在棋盘上移动木粒棋子或弹珠进行游戏。在纸牌接龙中，玩家需要按照一定的顺序将手中的牌进行排列。

相较之下，国际象棋则更为复杂。它需要两个玩家，根据相对复杂的规则进行互动。西洋双陆棋则通过引入一对骰子（在某些社交场合，允许说垃圾话），增加了其他的游戏和互动因素。

20世纪70年代，数字化带来了一场游戏革命。计算机游戏从1972年的Pong逐渐发展到《我的世界》（*Minecraft*）或《魔兽世界》（*World of Warcraft*）等多人互动游戏。然而，游戏的基本原则在很大程度上是不变的，它们仍然涉及目标与成就、竞争与合作、奖励与惩罚、学习与改进、不确定性与创造性。

与游戏一样，数字化也引发了人类互动的革命。

互联网使人们与世界其他地方的联系达到了前所未有的程度。数以百万计的人，现在可以即时获得各种各样的商品、服务、信息和意见。随之而来的互动环境是如此复杂，以至于我们必须通过一个用户友好的系统，来帮助我们组织、跟踪、导航和存储这些互动。体验设计在这一过程中的每一步，都发挥了关键作用。

设计师们通过为计算机开发图形界面，为不断增长的万维网添加导航工具，优化了我们的用户体验。如今，他们为我们提供了巨大的平台，我们可以在这些平台上建立个人档案、购买产品，并以各种方式交流互动。而高科技公司也越来越多地使用各种游戏与我们互动——这种现象通常被称为游戏化。这种定制化和游戏化的细节，对个人的选择有着深远的影响，而我们可能并没有充分意识到这一点。

例如，Booking.com是一个提供短期住宿服务的线上平台，它利用针对用户多种行为的洞察力，为用户提供了一个游戏般的环境。更特殊的是，该网站通过为用户提供各种实时的选择信息，不断更新用户对自身情况的感知。一间酒店房间目前的价格是多少？之前某个时段的价格是多少？当前价位的房间还剩下多少？还有多少人在考虑同样的选择？酒店条件和设施如何？这个方案，与其他看似相似的方案相比如何？根据用户之前的选择，他们会更喜欢什么？应该为特定的客户提供哪些细节，以及如何呈现这些细节，都由这家公司决定，而用户也会立即得到反馈。这是一种深度互动的体验。

同样深耕短期住宿服务的爱彼迎（Airbnb），被划归为共享经济的领域。在这个平台上，用户可以通过付费的方式互相分享自己的房产。它的设计特点是采用不同的元素，让用户之间可以进行多种方式的互动。主人和客人可以互相点评、进行推荐，并通过公开和非公开的方式给予反馈。系统会对用户的贡献行为进行奖励，并引导用户以不同的方式进行展示。

优步（Uber）是全球共享经济的一个先驱。它为乘车提供便利，并在几年内完善了其互动功能。这个平台不仅对终端客户进行游戏化，更重要的是，对司机也进行了游戏化变革。通过这些游戏化的设计，优步更希望司机在特定时段、特定地点、特定时间点多开车。所以有报道称，通过向司机提供实时反馈和即时激励，优步增加了司机按照公司的偏好和目标行事的机会。

许多的体验设计，确保用户在其设定的参数范围内，仍可以“自由”行事，并创造了过去无法获得的诸多消费者利益和就业机会。但共享汽车的司机，并不是优步的员工；爱彼迎的房东，也不是爱彼迎旗下的业主。因此，这种持续的游戏化，有望能够为这些公司和类似的公司，特别是在私人和竞争性的商业环境中，提供一种微妙平衡，使其能够在管理不同的用户群体行为的同时，又不显得独断专行。

然而，什么时候这种设计会变得过于侵入？应该在哪里划清界限？例如，当这些设计开始对我们的个人和社会生活产生实质性影响的时候，会发生什么问题？

你是谁？
社交体验的设计

在社会和组织生活中进行体验设计，其实并不是一种新现象。几个世纪以来，许多机构和组织都会有意地组织或限制个体的活动，以确保其成员通过学习经验中的某些偏好和信念实现更好的管理。想想教会、大学、企业的做法，这些机构和组织都提供了贯穿整个组织的设计，确保其成员学会什么是“适当的”，什么是“不适当的”行为。“学会”通常是通过观察和参与，而不是被告知。

如果说这样的做法在线下世界是可行的，那么在线上就更容易实现了，因为在线上组织中，信息和反馈的传播速度变得更快、范围变得更广。在用户可以相互交流、分享内容和搜索信息的情况下，所有的线上社交平台都必须实施某种程度的、自上而下的控制，采用一定的设计和信息过滤器，以确保用户的体验是可管理的、高效的、丰富的和令人愉快的，且所有这些目标都必须在同一时间实现。这是一个必不可少的操作，因此，对系统的工作原理有一定的了解至关重要。

例如，就像我们通过使用由多层不同材料制成的过滤器来净化水一样，在线社交平台也会使用数字过滤器，帮助用户提炼和改进获得的信息，进而塑造用户的体验。在这个体系中，用户通常会自己构建第一套过滤器，即在网络平台中，我们通常可以根据可用的功能，自主决定搜索什么、分享什么、与谁联系，以及如何行动等。这些自主过滤的行为，将整个可能的互动空间缩小到一个更小的、更个性化的子集。通过我们自己的行为和选择，我们宣告了自己的兴趣、恐惧、倾向、特征、习惯、好恶等信息。虽然在使用不同网站的时候，我们必须遵守其特定的规则和功能，这导致我们无法实现完全的控制，但我们最终仍可以建立一个在线和基于不同平台特征的人格。

然后，这些平台会建立第二套过滤器。他们利用我们提供的用户数据和互动，引导我们的注意力转向平台认为我们会喜欢体验的内容。他们推荐并向用户展示整个画面中符合用户本人所揭示的喜好的内容。所有这些过滤的目的，都是为了产生一个不断完善的用户体验，并增加用户在这些平台上花费的时间和精力。这是双赢的，除了一个需要用户警惕的问题。

正如作家兼企业家伊莱·帕里泽（Eli Pariser）在《过滤泡》

（*The Filter Bubble*）一书中所论述的那样，这种复杂的过滤往往会将我们限制在回音室中，即以个性化和系统化审查为特色的险恶学习环境中。而我们越是停留在这个泡沫中，我们就越是接触到被过滤的经验，我们由此产生的扭曲的直觉就越是被强化。

更糟糕的是，我们的部分体验可能不仅是被过滤的，而且还可能是虚假的或捏造的。2018年麻省理工学院的研究人员，调查了2006年至2017年在推特上传播的所有新闻故事，其中涉及到12.6万条推文，被300万人次阅读、转发超过450万次。其中一些推文故事被验证为真实，而另一些则是捏造的。研究人员发现，“在所有类别的信息中，假话的传播，明显比真话更远、更快、更深、更广”。因此，虚假新闻不仅在网络社交平台中很常见，而且似乎对我们的认知也产生了很大的影响。这些内容往往耸人听闻，吸引了大量用户的注意力，尤其是，很多内容不可避免地会激发阅读者的极端情绪。而且，在这些虚假信息中，虚假的程度也不一样，有些信息可能真假参半，或只是夸大了真实的信息，这将进一步混淆用户的体验。

最近，在你关注的一些领域是否出现了令你感到惊讶的投票结果？或许有千百万同样对这些新闻感到惊讶的人，你只不过是其中的一员，你们的反应或许是：“这怎么会发生？我怎么可能如此盲目？他们怎么可能如此盲目？产生这些投票结果的人都在哪？他们都是谁？他们怎么会有这样的想法？”

然而，人们的这种震惊情绪并不是什么值得惊讶的事情。无论我们个人的信仰、观点和理想是什么，我们都只能够看到全局的一部分细节。我们往往只了解自己的家人、朋友、同事和熟人圈子里的人。现在，平台公司专门为我们精心设计的社交媒体信息过滤器进一步影响了我们的想法。

2018年，一家名为剑桥分析公司（Cambridge Analytica）的小型信息技术咨询公司，在获取了大量脸书用户的个人资料数据后，惹上了大麻烦。该公司的运作范围，以及他们使用“私人”信息的概念，让整个世界感到震惊。随着计算机算法变得更加广泛和强大，我们认为，类似的操作在未来或许会更加普遍，而个人用户的在线体验被操控的程度，或许比我们预想的更为严重。

我们应该如何应对大数据带来的问题，确保个人的社会经验不那么狭隘、变得更可靠、更能够抵御别有用心之人施加的影响？许多科学家、技术专家和政治家一直在研究这个问题的解决方案，但如果我们期望那些运营在线社交平台并以此牟利的公司来提供解决方案，就太过天真了。

这些平台或许关心用户，但它们更关心如何让用户在网站上停留更长的时间、花更多的钱。

由于技术的不断创新，这些虚拟环境和市场背后的公司可能也无法完全准确地预测其设计的最终影响。不管做过多少测试，错误和意外可能导致的副作用都不可能百分之百地避免。利益集团会不断努力寻找系统的漏洞，以操纵用户的体验。而考虑到这些网站的受欢迎程度，一个小小的缺陷可能就会导致数百万人受到影响。脸书或许从没想过剑桥分析公司能够入侵其系统并窃取用户数据，但脸书平台本身作为一个复杂的系统，将不可避免地存在被入侵的风险。

归根结底，我们无法控制他人设计我们在线体验的行为，但可以肯定的是，他们设计这些东西的出发点，一定是企业自身的利益和诉求。因此，作为消费者、员工、选民和技术使用者，我们需要找到方法，掌握关乎自身体验的更大控制权。

重新获得经验：加强对自身决策的控制力

让我们直面现实，即情绪、选项和游戏式的交互形式已经成为我们决策和生活中不可缺少的部分。没有它们，我们就无法做出决定。

但所有这些因素都可以被用来塑造我们的体验，并以复杂的方式影响我们的决策过程，且在我们完全没有意识到的情况下施加影响。当那些设计我们体验的人，有着与我们个人大相径庭的目标和诉求时，这就成为一个棘手的问题。

在某些情况下，政策制定者会采用类似的方法，保护我们的利益。在《助推》（*Nudge*）一书中，行为经济学家理查德·塞勒（Richard Thaler）和法律学者卡斯·桑斯坦（Cass Sunstein）讨论了选择架构师如何能够通过“助推”，减轻决策者的任务量，引导后者进行选择，同时尊重后者的利益，不限制其选择的自由，并保障整个社会的福利。

助推的操作，在我们的日常生活中变得越来越普遍，且存在多种多样的形式。例如，在养老金计划中使用默认投资选择，以及在学校食堂提供健康食品选择时，在视觉上突出健康食品等方式。

有些助推的设计，能够通过对用户行动进行即时和准确的反馈，为用户提供一种友善的学习环境。例如，各种各样的可穿戴设备会告诉我们一天走了多少步，从而督促我们多运动。研究还发现，如果定期向人们提供他们与邻居之间的各类费用缴纳的对比信息，人们就会自动调节家中的能源消耗量。根据不同的情况，这种经验性的暗示可以鼓励人们做出有利的决定，从而达到有利于社会发展的理想结果。

但是，从于经验中学习的角度来看，助推设计也存在一些缺点。其中一个问题是，每一个决策或问题，都需要一些善意的选择架构师来设计专门的助推工具。结果，我们又一次陷入了完全依赖第三方为我们创造的经验做出反应的陷阱，尽管这个第三方可能会以我们的福祉为出发点。此外，由于许多助推的设计并不是为了传授长期的经验，而仅仅是为了引导我们在某种情况下采取特定的行为，因此一旦此类助推干预停止，我们可能会发现迅速地恢复了旧习惯。

那么，我们如何才能在不依靠仁慈的第三方的帮助下重新获得经验呢?

其中一个方法，是发展内部设计雷达，即提升对被设计的体验的敏锐度。这将帮助我们识别即时经验是否被操纵，并在被操纵的情况下有意识地忽略它对我们的影响。

做到这一点并不容易，它需要一定程度的心智训练和情感自律，这是因为，哪怕经验对我们不利，我们也很难抗拒其影响。然而幸运的是，在体验一个设计时，我们可能对自己的即时感受没有太多选择，但我们对自己的反应有更多的控制权。

在需要做出有长期影响的决定时，如投票给谁、进行什么样的投资或如何塑造个人习惯，我们可以将这些情况引发的直接感觉作为出发点，而不是决策的指导，并在进行理性分析之后再做决策。与其盲目地屈服于情绪、选项设计或游戏化的互动，我们可以提醒自己，我们正在经历一个他人有意打造的设计，其目的是让我们以某种特定方式感受和行动。

例如，如果我们感知到一个情境或机构一直在向我们灌输某种强烈的情绪，不管是积极的还是消极的，我们都应该思考并意识到，这是一种有预谋的尝试，旨在通过我们的情绪体验影响我们的直觉和偏好。要时刻牢记，利害关系越大，这些设计者们就越有可能通过设计，让我们产生特定的感觉，按照特定的方式行事。

以体验设计为特色的组织和平台，也是如此。在《影响力》（*Influence*）一书中，社会心理学家罗伯特·西奥迪尼（Robert Cialdini）解释了为什么人类总是非常迅速地喜欢那些长得好看或与自己相似的人，以及这种自动反应如何让我们容易做出冲动选择，或购买原本可能不会选择或购买的东西。他建议，当我们瞬间喜欢上某件事或某人时，应该学会谨慎应对。我们至少应该学会，将这种最初的反应作为一种提醒，并运用理智去打消或尽量减少这种第一印象的影响，而不是将其作为决策或行动的指导。

在面临多个选项时，我们同样需要养成警惕诱饵选项设计影响的习惯。为什么物品的定价和呈现方式是那样的？是否有一个选项，看起来特别优惠？是否有一些看起来相对较差的其他选项？如果将刻意设计引导的优势选项排除，哪些选项才最符合我们的长期目标？

培养针对选项设计陷阱的雷达，是重新获得经验并对选择施加更多个人控制的第一步。下一步，我们需要将个人的目标，而不是特定设计给我们带来的即时体验，作为注意力的主要支柱以及重要决策的驱动力。

为了做到这一点，我们可能需要停下来，以更清晰的思维，想一想我们的目标到底是什么。尤其是，为了减轻设计体验的影响，我们可能需要定期针对个人的目标提出一系列的问题，并提供真实的回答。记者、研究人员和侦探们已经为我们提供了可用的提问方法，这些问题被称为“5WIH”，即：是什么（What）？为什么（Why）？什么人（Who）？什么时候（When）？什么地方（Where）？如何做（How）？下面，让我们逐一解析这些问题的操作方法。

第一个问题是，是什么。

我们的目标是什么？当然，我们可能同时设定了数个目标，而且这些设定的目标可能会随着时间的推移发生变化。这当然是可以接受的，但我们首先仍需要设定一个或多个目标，并做出相应的决定。如果没有一个明确的初始目标，我们的注意力和决定就更容易被他人设计的体验轻易地左右。这个问题让我们能够更轻松地管理自己的信念、反应、承诺和决策，以帮助目标的达成。

举个简单的例子，如果我们的目标是自主创业，那么，我们想要创立什么类型的企业？我们需要满足什么需求？我们需要提供什么样的产品或服务？我们将为什么样的客户提供产品或服务？这些问题，将帮助我们确定自主创业这个特定目标的初始范围以及其边界。我们的答案可能会随着目标的推进而发生变化，但这些答案将为我们提供一个具体的参考，指导我们的行为，并构成发展战略的基础。

第二个问题是，为什么。

为什么设定了这样的目标？我们能够提供的原因越多、越多样化，就越好。如果我们没有必须实现一个目标的多个理由，或只能够提供一些浅薄的、言不由衷的理由，那么我们很可能会半途而废，永远无法坚持到目标的实现。因此，“为什么”的问题能够为我们实现目标提供动力。如果不存在几个“为什么”的问题，我们很容易会受到外界的设计影响。

回到创业这个例子，我们可能需要问的是，为什么要创业？为什么要选定某个特定行业？为什么不创建其他类型的企业？为什么要选择特定的产品、服务和客户群体？

第三个问题是，什么人。

当我们为实现目标而努力时，我们将成为什么样的人？我们可以为不同的目标选择不同的行为方式。例如，我们可以选择极其雄心勃勃的目标，对这些目标要求尽善尽美。或在满足我们的一些基本偏好的情况下，选择忽略某些目标存在的不完美之处。我们自己实际上是做出决定的人，并且我们的决定可能随着时间的推移而变化。然而，除非我们能够刻意地调节我们对每个目标的态度和方法，否则我们将很容易受到体验设计的影响，错误地认为我们总是需要更多、更好、更完善的目标，且需要不计代价地实现这些目标。

回到前文的创业例子，在这里我们需要问：谁来负责经营？他们是否需要放弃当前的工作，来进行创业？他们对新创业务的诸多目标有多大的野心？是否需要雇用特定类型的员工？

第四个问题是，什么时候。

什么时候需要实现目标？确定目标实现的时间，将帮助我们避免不必要的分心、推迟和延误。我们可以调整计划，根据节点来判断下一步的工作内容。如果实现一个目标需要先完成一些其他任务，那么为这些任务制定计划和设定最后期限，将对确保目标的实现至关重要。

在前文的创业例子中，我们需要问：什么时候启动业务？什么时候需要制订商业计划？何时需要筹集资金？什么时候需要对产品或服务进行详细设计？什么时候需要准备营销和销售方案？

第五个问题将是，在什么地方。

我们需要在哪里实施目标？答案或将取决于目标是什么。一些目标可能是全球性的，而另一些目标则仅限于较小的地理区域。根据地点的不同开展的某个项目，可能会受限于不同的法律或官方程序。某些地方，可能鼓励从事类似项目的人进行更多互动，这就意味着更多的合作机会。

在前述创业的例子中，公司将被安置在哪里？是否需要特殊的空间来生产商品或提供服务？业务部门需要设置在哪里，以方便客户进入？

最后一个问题是，如何做。

如何实现目标？这通常是人们最先提出的一个问题。然而，如果不先了解前面的5W问题，我们将无法恰当地回答这个问题，甚至可能会被他人左右，去解决“错误”的问题。要了解存在多少种实现目标的可能方法，一个理想的着手方式是，研究别人在过去是如何尝试并实现（或没能实现）类似目标的。正如我们在第二章中所讨论的那样，当我们试图确定如何解决复杂而重要的问题时，原创性的价值通常被高估了。

再次回到前文的创业例子，其他类似的企业是如何启动的？它们的整个创业过程是如何发展的？如何联系之前实现类似创业想法的人？他们是如何失败的？他们是如何成功的？

在理想情况下，我们会对所有的重要目标进行类似的5W1H分析。其中一些目标可能更加个人化，而另一些目标则可能更加注重集体的需要，如我们的家庭、社区乃至全人类。这样的分析方法还能够帮助我们确定目标的优先级，增加我们有条不紊地及时实现目标的机会。一旦我们对这些问题有了结果，我们就会更清楚地知道，应该在什么时候做出哪些决定。我们会在这一过程中做出调整和改变，并能够跟踪自身的学习和进步。

这样一来，明确的目标会提供一个坚实的参考，让我们的决策有据可依，而不是被决策过程中遇到的体验设计所影响。5W1H问题，将首先帮助我们质疑和审视目标。然后，当我们把注意力放在这些目标上时，我们就不会那么容易被情绪、选项、互动游戏以及他人设计的各类体验所左右。这些体验设计的目的，就是实现他人的诉求，而非我们的目标。做到这一点，将让我们重新获得一些选择的自由。

本章小结

什么是缺失的？什么是不相关的？

在我们进行选择时，现代世界已经为我们提供了许多自由。体验设计为我们提供了直观的信息和技术，确保我们能够恰当地应对复杂而重要的情况。然而，体验设计者也可以对我们的决策施加实质性的控制，并有可能在我们不知不觉中限制我们的自由。尤其是当他们的目的与我们的个人目标发生冲突时，我们的选择可能会受到不符合我们自身的兴趣和偏好的影响。

不相关的情绪。鉴于情绪在我们的决策中扮演了基本角色，认识到情绪如何以及何时可以被他人设计并影响我们的选择，也将变得至关重要。如果我们感觉到，所感受到的情绪可能会对我们的目标不利，那么明智的做法是：将决策的权衡过程推迟到情绪不再“炙热”的时候再进行。

不相关的选项。选择方案可以有不同的构成，并以不同的方式呈现，使人们能够对各种选择进行比较。但是选项的设计也可能被利用来引导我们走向特定的方向，包括可能与我们自己的长期目标无关的一些方向。

不相关的游戏体验。用户友好的设计，是我们与复杂的系统和平台进行互动的必不可少的前提，尤其是在数字空间。然而，我们所遇到的一些游戏、社交网络平台和其他形式的互动，都会影响我们的学习、决策和习惯，并可能有违我们个人的目标。

不相关的设计。体验设计主要反映了设计者的关注点，可能与我们无关。当我们感受到体验设计的影响时，与其照单全收他人的建议，不妨试着了解和思考他人的设计对我们的决策和目标可能产生的不利影响。

目标的缺失。我们在政治、社会和个人方面做出的重要选择，应主要由我们自己的长期目标来指导，而不是由我们经历的任何特定设计体验来指导。5W1H的问题框架提供了一个工具，帮助我们明确自己的目标，将目标个性化，并在学习和决策时将其作为参考。

重要的是，要认识到我们在选择中的自由限度，以及体验设计在我们的决策中扮演的各种角色。一旦我们掌握了这种认知，我们就有可能重新找回自己的经验，从中吸取有益的教训，同时拒绝被它所左右，确保经验不会与我们真正想要实现的目标发生冲突。

MAGIC BULLETS

第五章

“万能的”解决方案

当经验提供了虚幻的成功秘诀时，我们要有批判性地接纳经验，了解决定成败的关键差异

早睡早起。

早餐前喝水。

要事第一。

学会拒绝。

避免开会。

锻炼身体。

持之以恒。

知道什么时候该留下，什么时候该离开。

打造人际关系网。

勤于思考。

致力双赢。

坦然面对失败。

不要太在乎他人。

你想要获得人生的成功吗？如果你想，你最好遵循这些建议。这些建议是成功人士共同拥有的品质，并且已经得到全世界最优秀的人的尝试和验证。从他们的经验中学习，一定能够让你也获得成功。

听起来很完美，但问题在哪？

当我们努力实现目标时，可能会寻求已经获得成功的人的经验。虽然一个人的成功可能得益于运气，但很多成功人士身上的共同点必定是有用的。这听起来很有道理。但是，只关注这些人的成功，会导致我们的注意力被不相关的细节分散，同时导致重要的事实被隐藏。由此获得的经验教训可能是无效的，有时甚至与我们的目标背道而驰。成功本身，不是一个可靠的老师。那我们是不是应该转而从失败中学习？或许我们可以通过深入分析他人的失败，得出避免失败的教训？虽然特定的失败是个案，但很多人的失败必定存在有用的共同点，一定会对我们的行事有所启示。听起来也很有道理，然而，只关注失败同样会导致我们的注意力被不相关的细节分散，导致重要的事实被隐藏。由此产生的经验教训同样可能毫无用处，并与我们的目标背道而驰。失败，同样不是一个可靠的老师。

如果我们试图仅从成功或失败的经验中学习，经验可能会出乎意料地误导我们。正确的方法，是同时从成功和失败中学习，谨慎地探索可能导致成败的原因。然而，这并不是一个直观的学习方法，也有违我们的本能，并且我们可能并不喜欢最终学到的东西。

从他人的成功中获得的欺骗性教训

关于成功的研讨会、图书、文章、博客和推文层出不穷，许多人试图总结成功者们身上的习惯和行为模式，并经常用令人惊叹的个人轶事和第一人称的描述来强化提供的建议。本章开头列出的成功人士的习惯清单就选自几本著名的成功学书籍。这些基于成功故事的建议看似提供了一种有用的手段，让我们可以通过向成功人士学习，发现并解决自身的问题。同样，从他人的失败中学习，或许也能够让我们发现相应的问题。

当然，学习成功人士和成功企业的做法的确具备一定的价值。例如，他们的事迹向我们展示了什么是可能实现的，还可以激励并促使我们采取行动。成功的故事，的确具备激励性。

而且，从成功人士身上总结的大多数建议都让人觉得真实、合理，能够迅速吸引人们的注意力，且难以否定。因此，这些建议也营造了一种控制感，让我们相信自己同样也可以获得成功。

但是，请让我们化身为成功故事的怀疑者，与其试图论证成功的经验是可靠的，不如思考它们是如何具有欺骗性的。

第一个问题就是，成功故事的准确性。如果一些成功的经验从一开始就不是真实的呢？历史已经证明，赢家总是能够书写他们取得成就的故事以及过程，或向热衷于报道其轶事的人讲述自己的经历。这就导致最终的成功故事存在被美化的可能性。

例如，对于许多成功故事，不同利益相关者（包括创建公司的共同创始人）对事件的解释往往大相径庭。即使通过《社交网络》（*The Social Network*）这样的大片，对脸书平台创始过程中的某些著名的案例进行了详细的探讨，其最终呈现的版本也可能包含了戏剧化因素、主观的评价和经过自由编辑的失真信息。

更糟糕的是，即使我们听到的成功故事是准确的，问题依然存在。随便翻看一本成功学的著作，我们很快就会发现，它们倾向于提供成功人士或企业的多个共同之处，例如：成功人士都有的14个共同点、高效领导者的10个共同特征、成功企业家的8个共同特征，等等。在思考这些经验时，我们可能会默认被分析的成功人士或企业都忠实地遵循了每一条特征。毕竟，“共同”意味着所有人都拥有或遵循的东西。但是，这些成功者是否真的严格执行了列出的所有策略？并且时时刻刻都在执行？

仔细观察就会发现，在很多情况下，这些成功故事的主人公其实只遵循了其中的一部分。很多人只执行了部分策略，并同时避开了其他的策略，但仍然获得了成功。这种不准确的概括，会破坏我们从他人成功的故事中获得经验教训的普遍性。

第二个问题就是，因果关系。如果成功者身上的某些特征是成功的结果，而不是成功的原因，会导致什么问题？正如我们在第一章中所看到的那样，确定行动和结果之间的因果关系，比想象中的要棘手得多。

例如，在本章开头提供的建议中，“不要太在乎他人、学会拒绝、避免开会、要事第一”等建议，听起来很有道理。但实际上，它们可能是成功者才能够真正享有的奢侈习惯，只有在获得成功之后，他们才具备了在大部分时间里执行这些特征的权力。因此，成功者具备的一些共同特征，实际上是他们取得成功后的结果，而不是促使他们获得成功的原因。因此，当我们意识到，在真正实现某种程度的成功之前，我们似乎无法采纳他人成功的一些经验，这可能会让我们感到自己成功的希望更加渺茫。

第三个问题就是，时间问题。事后诸葛亮是常有的事，在成功已经实现之后再去定义它，相对容易，但以回顾的形式获得的经验不一定有助于做出关乎未来的决策。事实上，“我早就知道”这种感觉，可能会令我们盲目相信自己预测未来成就的能力。

在2015年麻省理工学院斯隆管理学院的一次演讲中，优步的联合创始人、前首席执行官特拉维斯·卡兰尼克（Travis Kalanick）列举了伟大企业家普遍具备的一些基本素质。据报道，其中一个是“神奇能力”，在他看来，这意味着“要相信自己具备异于常人的天赋”。然而这种感觉是一个人只能在获得成功之后才能解读和评估的，而我们所寻找的机会却只存在于不确定的未来。这就是为什么，成功者身上具备的识别机会或把握时机的能力显得如此“神奇”。

时间导致从经验中学习变得复杂，也因为世界在不断变化。因此，随着时间的推移，过去有效的策略最终会变得过时。

举个简单的例子，仅在几十年前，一张大学文凭就可以让你在世界许多地方找到一份很好的工作，并且获得良好的职业发展前景。虽然在现代社会大学文凭仍是一个必备的职场敲门砖，但对于大多数人来说，其用处已经远远不如几十年前。同样，营销、生产和创新等商业活动也在不断地变化发展，随着竞争形式的转变、技术的进步、社会和经济趋势的兴起，以及其他意想不到的变化，几年之前还行之有效的方法，可能很快就会变得过时或不适用。

在《反直觉思考》（*Think Twice*）中，投资策略师迈克尔·莫布森（Michael Mauboussin）讨论了投资行业中成功秘诀的易逝性。在金融领域，分析师不可避免地会根据历史数据和过去的趋势提出投资建议，但“由于市场的统计属性会随着时间的推移而改变，投资者最终可能会选择错误的资产组合”。昨日的经验，需要在险恶的学习环境中不断更新，因为时间往往会降低这些经验的有效性。

第四个问题就是，选择问题。如果失败被经验系统性地过滤掉，出现了统计学家所说的选择偏差，怎么办？

请大家回顾一下，我们在本书的引言中提到的放血术疗法。那些因过度放血治疗而死亡的人已经离开这个世界，因此无法提出令人信服的理由来反对这种操作。那些幸存下来的人，可能出于各种理由，坚定地迷信放血术疗法的效果，并主动而积极地分享个人的收获和发现。因此，放血术疗法的幸存者提供的证词所反映的集体经验，将强化人们对该疗法有效性的过度自信。

在《成功与运气》（*Success and Luck*）一书中，经济学家罗伯特·H. 弗兰克（Robert H. Frank）分析了各个领域取得优异成绩的人中，有多大比例的人是天赋异禀和勤奋的。这些“幸存者”让观察者——包括他们自己——相信，自己是天道酬勤的幸运儿。然而不幸的是，虽然天赋和勤奋往往是成功的必要条件，但仅有天赋和勤奋可能还不确保获得成功。毕竟，在很多情况下，许多没有获得成功的人可能也是有天赋和勤奋的。

选择过滤器导致了所谓的幸存者偏差。这种超越了人类控制范围的因素造成了一种错觉，即当我们试图获得成功时，特定行动一定是有效的。但那些不那么成功的人，做了什么或没有做什么？他们没有早起吗？他们没有在正确的时间喝水吗？他们没有运动吗？这些都是一些潜在能力的指标吗？也许吧，但更有可能的是，还有无数人也同样做了“正确”的事情，但还是失败了。

尤其在成功极为罕见的领域，失败的人肯定也想到了利用现有的解决方案，但最终依然失败了。因此，我们从成功中获得的经验越是简单，就越是倾向于认为那些没有获得成功的人要么无知、要么愚蠢。然而，对许多已经竭尽全力做到最好，但却因为各种不可预见和环境的原因而遭遇失败的人，这实际上是一种极度不尊重的看法。

第五个问题是，复杂性。我们从成功中获得的经验，并不像我们所期望的那样，可以简单地概括为可广泛适用的原则，尤其是当这些经验来自于个人轶事或小样本的观察结果时。

现实世界充满了无数的个体变化和差异。因此，需要根据更丰富的证据进行系统分析，我们才有可能更好地了解，在不同情况下，同时影响到成功结果的不同因素。

因此，为了处理复杂的问题，并更好地进行概括，一些顾问倾向于依靠根据调查和观察收集的数据进行统计分析。然后，据此提出

“遵循某策略，会显著增加获得该理想结果的机会”等建议。

然而不幸的是，即使这些基于数据的研究在统计学层面具备合理性，他们得出的经验也只对数据所代表的平均人群和职业有效。个体差异和细微差别，也意味着任何“一刀切”的解决方案不可能时时具备有效性。如同生活中几乎所有的复杂问题一样，任何成功方法的价值，都需要放到具体的背景和环境下分析。

以毅力为例，大多数人将这种不知疲倦的坚持和投入视为获得成功的关键要素。也有很多人展开了针对毅力的科学的、有针对性的研究。事实上，只要方法得当、环境得当，勇气和毅力可能确实是推动个人取得成功的关键因素。

但是，人们表现出勇气的不同方式往往被我们的经验所掩盖。我们往往只看到最终的成功结局，却看不到实现成功背后的复杂的、个人的过程。因此，我们可能无法意识到，在不断变化的环境中，盲目地朝着错误的目标奋力前进，实际上可能是对生命和资源的浪费。

在不同的情况下，吸取经验更好的做法可能是定期地更新计划，致力于寻求偶然的机会，在更广泛的领域内发展技能，而不是拒绝适应不断变化的条件。因此，坚毅是一个经常被轻易地过度简化的微妙概念。因此，在《坚毅》(*Grit*)一书中，心理学家安吉拉·达克沃斯(Angela Duckworth)用了整整一本书的篇幅来讨论这个问题，力求涵盖其所有相关方面。而一些其他成功建议，比如“锻炼”“接受失败”和“致力双赢”，可能听起来很简单，但实际上也非常复杂，并要求我们以同样细致的态度对其进行分析和审视。

最后，第六个问题就是，我们从成功者的经验中学习成功的做法，淡化了成功可能是高昂代价的交换。

成功是个人的，是内在的、随时间而变化的，尽管事实上它常常被人们当作是外在的、不变的。鲍勃·迪伦有一句话很好地抓住了成功背后包含的个体性：“一个人，如果在他早上起床和晚上睡觉之间，能够随心所欲去做想做的事情，他就是个成功的人。”

《牛津英语词典》对成功的定义更加直白，即“目标或目的的实现”。但我们的目标或宗旨是什么？

要想让成功的经验对我们个人有效，那些被认为是成功者的出发点、能力、喜好和愿望，应该与我们相似。然而我们往往不知道这些细节。我们的事业、家庭、社会生活、优先级、能力和愿景，可能与那些被视为成功人士的人有很大不同。一想到他们可能要付出很多，或放弃很多，才能达到今天的位置，我们或许并不想和他们交换位置。然而，在考虑别人的成就时，他们可能选择做出的个人妥协，往往被战略性地忽略了。

追求成功，往往需要付出昂贵的代价。举个简单的例子，早起或早上做一堆事情，可能意味着我们既没有意愿也没有精力去完成深夜要做的事情。通过坚持不懈的努力工作，在较短的时间内积累财富，可能意味着要牺牲与亲人相处的时间。对我们某些人来说，这样的代价可能是难以承受的。因此，在探讨成功的时候，考虑实现特定类型成功要求我们放弃什么，同样至关重要。

基于所有这些原因，哪怕听起来很有说服力和指导性，完全基于他人成功的经验教训依然是不可靠的。这些经验很可能让我们相信，成功比现实更客观、更具可预测性。

从自己的成功中获得的欺骗性经验

他人的成功经验靠不住，那我们自己的成就呢？遗憾的是，从个人的成就中获得的经验，也没好到哪里去。因为从他人的成功中学习经验的缺陷，在这里同样存在。

正如别人可以美化他们的个人成功故事一样，我们也倾向于美化自己的成就。我们往往会发现，自己很容易以一种满足自我虚荣、满足自己利益诉求和喜好，而不是反映更复杂的客观现实的方式，吹嘘自己的成就。比如，我们很可能因为好运气而取得了成功，但在讲述故事时，却希望将其归功于自己的努力和能力。

在讲述成功故事时，我们还倾向于夸大自己在整个项目中的重要性。而且，完美的结局让我们淡化在过程中出现的错误，或可能出现错误的地方。

当我们试图从自己的成功中吸取经验时，因果关系往往被颠倒。被视为推动成功实现的一些习惯和特质，可能实际上是取得成功后的结果。例如，我们擅长与有影响力和强大的商业人士建立人脉，可能是我们职业成就的结果，而不是推动我们获得升职加薪的超人天赋。

我们从自己的成就中吸取的经验，可能也会因为诱人但有缺陷的过度概括，而过度简化了成功的决定因素。我们亲自走过的道路和亲自做过的决定带来的体会和经验过于深刻，导致我们无法准确地想象，他人在稍有不同的背景下，走类似的道路和做类似的决定，可能会经历哪些可能的截然不同的结果。因此，我们自己的难忘而生动的历史成就，会导致我们低估他人经历的不为人知的失败。哪怕他们的行动与我们的大同小异，但由于不可预见和不可控制的因素，他们并没有获得同样的成功结果。他们的失败，甚至会让我们对自己的能力产生不应有的信心。我们可能会把复杂进程的结果归功于自身杰出的能力和精准的战略。

迷失在成功喜悦中的我们，可能无法认识到或承认，为了取得这些成就，我们不得不放弃的诸多东西。

最终，不管我们个人如何定义成功，如果我们只想了解更多关于成功的因素，仅仅考虑成功的经验，包括我们自己的经验，而不考虑失败的可能或需要取舍的东西，那么我们所寻求的可靠见解也将无法获得。

从他人的失败中获得的欺骗性教训

如果我们选择反过来从失败中寻求经验呢？

这种学习方法的一个缺点是，失败比成功少了很多乐趣。没人喜欢失败，所以为了确保从失败中学习的过程不这么痛苦，努力从他人的不幸中吸取教训听起来很有意义。但既然其他人已经经历过了、做过了，并承受了失败的结果，我们为什么还要经历同样的折磨呢？不幸的是，事情永远都是说起来容易，做起来难。

简单以创新创业领域为例，在这个领域中，失败是一个相对常见和可接受的结果。在创业文化中，失败通常被视为任何勇于创新之人的必经之路，并且是可以为未来的成功铺平道路的一个好老师。而从他人的失败中学习，在创业领域被奉为金科玉律。

在过去的几十年里，我们（作者）在各种创业公司的建立、管理和观察中担任了不同的角色。在创造、开发、生产和营销新想法的同时，首先从别人失败的尝试、策略或决策中学习，似乎总是合理的做法，尤其是在采取代价高昂的行动之前。然而，从他人的错误中学习，往往被证明是困难的，有时甚至出人意料地存在误导性。因为像从成功者的经验中学习那样，这个做法也存在类似的问题。

准确性可能同样存疑。失败的故事，由不同的人讲述，可能会有不同的版本，因此很难客观地确定实际发生了什么。此外，我们通常无法了解失败的决策或项目幕后发生的细节。即便在具备了解失败细节权限的特殊情况下，每个创始人、经理或决策者，都会倾向于从洗白自己的角度讲述故事，导致每个人的版本可能听起来完全不一样。这就像试图通过倾听夫妻双方各自的故事来了解婚姻失败的原因一样：从失败的故事中得出的任何教训，都可能是不明确和有偏见的。

因果关系也可能是模糊的。导致某次失败的具体原因可能有很多，其中有些原因是人们无法控制的，有些原因可能只在特定时候会导致失败。有时，人们可能因为失败而采取某种行动，而不是因为采取了这些行动才导致失败。例如，一个企业的创始人，可能会突然改变自己的领导风格。这个转变，可能在事后被视为导致项目失败的原因。然而，这种领导风格的改变，可能是由于企业出现了新问题，为了求生而采取的自救行为。我们人类倾向于编造合理的因果关系，但这并不能保证编出来的故事是准确的。

时间也使从失败中学习的任何尝试变得复杂。许多失败只有在事后才能理解和解释。但事后看到的糟糕结果并不一定意味着，根据当时的信息当事人选择的战略是不适当的，并导致了失败。此外，失败的原因，可能会随着时间的推移而改变。一个想法或项目失败，可能只是因为出现得太晚或太早。我们认识一位企业家，在几十年前满怀希望地进入一个发展中国家的滴灌行业，他失败了。事后，人们把他的失败归咎于他的商业计划及其执行过程的某些特殊缺陷。然而，在几年后的同一市场上，几乎同样的计划和实施却大获成功。事实证明，相较于任何其他因素，时机才是决定这位企业家成败的最关键因素。事实上，他比那些后来的成功者更早一步地看到了市场的需求，并提出了可行的商业想法，但不幸的是他比市场还早了一步，所以后来者成功了，他失败了。

选择也是一个严重的问题。与通常被吹捧到天上的成功经验不同，他人失败的经验通常是我们看不到的。即使失败的想法、项目和公司最终获得了成功，大多数观察者仍然对创业者在取得最后胜利前输掉的战役视而不见。筛选过程导致的不易察觉的删减，会让我们对失败的真正原因视而不见。

复杂性和交换的代价也会扭曲失败的经验。我们与遭遇失败的人和企业是不一样的。我们的条件和目标可能大相径庭，失败的定义和程度也会因人而异、因企业而异。我们可能会从相似的错误中吸取不同的教训，因此，确定哪些错误是“正确的”，也是一项极为复杂的任务。

只关注他人失败的经验并试图从中学习将遭遇的这些问题，在创业领域之外也适用。这些问题表明，专注于这些问题并不能保证我们未来一定能够取得成功。

从自身的失败中获得的欺骗性经验

那么，通过从个人失败中吸取教训来揭示成功的秘密，这种痛苦过程是否有效？这种认知来源是否让我们免受在向他人学习时遭遇的歪曲和错误的困扰？很遗憾，不是。

在《黑箱思维》（*Black Box Thinking*）一书中，作者马修·赛义德（Matthew Syed）讨论了为什么从自己的失败中学习并不一定是有效的。他观察到，当事情出错时，我们往往更善于把矛头指向别人，而不愿承认自己的错误。我们可能会试图掩盖自身的失误，甚至通过预先设定含糊不清的目标，以便在事情不尽如人意的时候保住面子。

当我们试图逃避关于自身失败的残酷事实时，我们还必须面对其他的信息扭曲。例如，根据决策时掌握的信息，某项战略可能是合理的，但在事后，当不确定性让位于明朗性时，该战略却被证明是错误的。反过来说，哪怕一个举措长期来看能够带来利益，但在短期内，也可能被认为是一个错误。这些复杂的情况，使得我们很难界定从自己的失误中得到的教训。

更复杂的是，即使我们能够正确地、真诚地承认自己的失败，也不一定能从自身的失败中吸取正确的教训。特别是，我们仍然无法有效地揭示失败与成功的真正不同之处。

这里有一个例子。

假设你最近一直在仔细回顾过去的投资行为。全部资金都投在了你花时间研究过的某个商业领域的中型企业上。其中，有几家表现特别好，有的表现不错，有的表现不尽如人意，还有几家表现极差。

显然，取得成功的投资决策令你感到骄傲，但鉴于投资是你的本职工作，失败的投资显然出乎意料，并带来了严重的打击。毕竟，你对这些行业或企业非常了解，或自认为十分了解。现在，你希望从失败的经验中吸取教训，提高投资的成功率。

要做到这一点，你似乎必须找到具体出错的地方，试图从中吸取教训，避免今后再犯类似的错误。你要搞清楚，失败的投资有哪些共同点？如何消除或减少这些共同的问题？

随着调查的深入，你发现了一个惊人的细节。你意识到，在最糟糕的投资决策中，70%的资金都投资于将关键业务外包的企业，例如财务、安全和信息技术维护业务等。你之前没有注意到这些趋势，但失败的投资已经让这一共同模式变得清晰可见。为此，你得出结论，认为这些公司雇佣的外部承包商或财务顾问一定很糟糕。而且在这个特定的领域，这种程度的外包看起来不是个好的投资信号。

你吸取了这个教训，并将企业分配给此类外包业务的预算比例视为判断未来投资决策的一个关键变量。更确切地说，比例高就等于坏消息。这一认识，能不能提升未来的投资成功率？不一定，这个教训不仅可能一文不值，还可能会影响未来的投资决策和收益。

你有没有分析获得成功的投资案例呢？如果那些表现好的公司也采取了同样的外包策略呢？例如，假设通过分析成功的投资案例，你发现投资组合中80%的最佳案例，也将类似比例的预算分配给外部承包商和财务顾问，你会得出什么结论？通过分析失败的投资案例，你刚刚发现了一个简单的因果关系，并听起来合情合理，但事实上，这样的因果逻辑并不存在。这个教训，反而可能导致你在未来的投资中付出惨重的代价。

而且，更糟糕的可能是，当你忙着从失败的投资中吸取经验教训时，万一错过了一个真实存在并能够切实提升投资成功率的因果故事呢？

当你深挖自己的失败投资经验时，你还审查了各个企业的另一个财务变量，即他们花在附带福利上的预算比例，如培训、医疗保健、旅行津贴和其他类型的特殊福利。你曾经认为，业绩不好的公司可能会将这些福利支出视为资源的浪费，并予以削减。然而，数据显示，一些业绩不好的企业，在这些福利上的支出反而占预算的很大比例；而另一些相对成功的企业，在这方面的支出却相对节俭。因此，你的经验表明，这些支出与糟糕的绩效之间并没有关联。

你吸取了这个经验教训，并更新了自己的投资理念，将这个变量视为导致投资失败的主要因素。这些认识，是不是可以让你在未来的投资中节省一些时间和精力？不一定，但这里可能依然有一个有用的教训，但被经验隐藏了。

你有没有关注和分析成功经验呢？如果那些表现更好的公司全部采用了不同的战略，你会怎么想？例如，如果你了解到，在你的投资组合中，90%的最佳案例都将较大比例的预算分配给了这些福利支出，你会有什么看法？你的成功和失败之间的这种关键性差异表明，你应该开始以不同的方式，思考这一变量对特定领域的企业表现的影响。

正如这些例子所表明的那样，只关注失败案例的分析是不可取的，无论是我们自己的失败，还是他人的失败，都有可能在导致失败的因素上误导我们。我们可能会看到一个实际上不存在的失败模式，或忽视真正存在的模式。更糟糕的是，这个过程可能会让我们错误地觉得，自己已经学到了宝贵的经验。

神奇的疗法：
来自替代疗法行业的不健康经验

当基于经验的建议被证明是不可靠的时候，在商业、投资、职业等领域寻求成功的秘诀，可能最终导致令人失望的结果。但在其他领域，类似的错误甚至可能导致影响身体健康的后果。尤其是在经验可能让某些自助运动或替代疗法看起来比专业诊疗更有效时，病人们可能很难区分哪些是有效的治疗，哪些操作不具备任何用处甚至有害。

例如，朗达·拜恩（Rhonda Byrne）在其著作《秘密》（*The Secret*）中表示，获得财富、健康和幸福生活的秘密，是所谓的吸引力法则。拜恩声称，我们有能力召唤发生在我们身上的事情，且如果我们相信自己会成功，我们最终就会获得成功。

此类想法能够获得好评和追随者，也有其原因，它们可以引导一种积极的心态，并在短期内带来一些自证预言的好处。例如，它们可以暂时提振人们的情绪、带来希望，并相信当前的生活困境总会存在解决办法，且这个办法相对简单易行。这些理念，让人们确信自己可以控制命运，而不是无助地听天由命。

但从长期来看，这些理念也带来了危险，例如，这些观念意味着，人们会觉得塑造坚定的人生观，就可以解决所有的问题和疾病。而且，一旦有不好的事情发生，肯定就是当事人的错。因此，这些方法建议人们避开可能产生消极想法的困境或挫折，这可能导致他们无法学到包含在逆境中的人生经验。而且，正如我们在第一章所讨论的那样，虽然回归效应、自发的改善、安慰剂效应、自证预言和巧合可能会偶尔证实这些所谓“规律”的正确性，但生活的结果，一般来说是很难由人力控制或预测的。

为了进一步了解替代疗法，我们中的一个人（作者之一）参加了各种替代疗法的集会。

我们最近参加的一次集会里面的成员都是一直在与严重的疾病做斗争，或经历了重大的医疗手术，并造成了巨大的身体和心理负担的病患。在人生最低谷时，经由他人推荐，他们认识了一位替代治疗师，而后他们将其视为救星。这些患者基于经验而产生的坚定信念，又反过来增强了该治疗师的信心，促使其开展更大规模的治疗，进而吸引了更多信念更坚定的追随者。我们观察到，这样的循环，事实上可以助长邪教般的运动。

另外，我们惊讶地发现，有的治疗师自信地宣称自己具备超自然的力量，比如心灵感应。而更令我们感到惊讶的是，竟然有一些狂热追随者，坚定地支持和亲身证实了这一说法。事实上，多年来，正是患者们的盲目崇拜和信任，助长了该治疗师对自身神秘力量的信念。

总的来说，从吸取经验的角度来看，这种励志的自助运动和替代疗法的故事是复杂的。

我们（作者）认为，一些非侵入性和补充性的治疗方法，的确有可能带来积极的疗效。幸运的是，科学家们正在进行基于证据的分析，看看这些替代方法中是否存在能够证明其主张疗效的疗法。这些调查的结果能够可靠地证明，哪些治疗方法确实值得信赖。

我们还观察到，与同类人结成互助团体，似乎可以帮助人们克服困难，看到有其他人也在经历和处理类似的麻烦，可能带来振奋和鼓舞的效果。其中一些集会，给成员提供了一个分享自身感受的机会。因此，它们的这些特点也值得肯定。

但我们仍然有许多充分的理由，质疑这些做法所依赖的基于经验的证据。

第一，存在回归效应。许多病人在感觉最糟糕的时候，会寻求其他的治疗方法，而当他们真正好转的时候，这些治疗师却得到了大部分的功劳。

第二，还存在时间的滞后性。所有的重疾治疗，都是一个漫长的过程。或许在病人寻求治疗师帮助的时候，恰好是他们的身体开始痊愈的时刻，这就导致了一个错误的故事，为治疗师的干预工作赋予了过多的功劳。

第三，一些替代治疗师认为，现代医学的治疗是有害的，并以药物的副作用或偶尔致命的医疗操作为佐证。虽然这两种指控在某些特定情况下是准确的，但许多替代疗法也远非其声称的那般无害和无辜。例如，以前盛行的放血疗法，现在被视为一种替代疗法，但如果过度放血，一样会加剧病情，并有可能危及生命。更何况，因为缺乏足够的研究和评估，我们可能连各种替代疗法可能引起什么样的副作用或健康问题都不知道。

第四，替代疗法支持者认为制药业会破坏环境，虐待动物。在这些方面，可能确实需要改进。然而，替代性医学也同样绝非无辜。据报道，各种各样的另类疗法都涉及动物成分，如犀牛角粉、虎骨粉、海龟壳制成的果冻和熊胆汁。为获得这些产品成分过度和残忍地偷猎，已经使许多物种遭受痛苦，甚至灭绝。

总之，严格依赖以个人经验为基础的另类医学的治疗故事，会使一些人逐渐对现代医学失去信心，转而用替代疗法代替科学疗法，并把未经检验的做法提升到不应有的高度和地位。到了这个程度，追求从个人经验中总结出的成功秘诀，就变得不健康了。

如何理性分析成功与失败

在我们没有意识到的情况下，仅从成功或失败中学习经验必然会扭曲我们的直觉，而不是解释实际可能发生的事情。从经验中学习正确的教训，在理想的情况下，应该同时包括从成功和失败中学习。

关键的第一步，是亲自对它们进行定义。成功意味着什么？失败意味着什么？

如果没有这样的操作定义，我们就不知道该从经验中汲取什么教训，以及忽略什么信息。我们也可能无法意识到成功或失败的发生，从而失去了从中学习的机会。更糟糕的是，如果我们让外在因素为我们定义成功或失败，我们可能会无谓地追求那些我们并不真正关心的成就，而无法实现真正想要的成就。我们可能会强调那些不一定重要的潜在失败，而忽略了真正重要的潜在失败。

在设定这些操作定义之后，我们可以据此选择策略，并开始思考，我们可以从经历的结果中得出什么样的经验教训。

假设我们决定申请某个职位，或为某个项目申请资源，如果我们得到积极的回复，我们应该从这次的经历中学到什么？如果收到否定的答复，我们又应该学到什么？

这些问题的答案，取决于潜在的成功率。

在相关的、类似的例子中，某项预期结果在一般人群中的获得率是多少？成功者人数，在所有尝试人数中所占的比例是多少？这个比率越低，我们就越难以在成功和失败之间找到容易识别的差异。

例如，数以千计甚至百万计的人都想成为著名的演员、体育明星、畅销书作家、首席执行官或百万富翁，只有少数人能够实现这一特定梦想。这意味着不太可能存在一个特定的神奇解决方案确保人们可以实现这些结果。运气和难以识别的、看似随机的因素可能发挥了重要作用。我们不仅要努力工作，不断磨炼自己的技能，还需要在正确的时间，出现在正确的地点。

不幸的是，在很多情况下，成功率的信息会被隐藏起来，需要我们有意识且努力地发掘。无数被拒绝的想法、失败的项目、错误的决策和破产企业的经历，通常不是个人经验所能轻易获得的。认识到这一事实，不应该让我们感到束手无策，而是应该促使我们重新思考经验的教训。

一方面，如果我们在一个成功率很低的环境中取得成功，我们可以为自己祝贺，因为在一个对手如云的领域中竞争并取得成功需要超凡的努力和勇气。但明智的做法是，不要把这种结果归结为简单的成功策略或秘诀，不要否定运气的作用。

另一方面，如果我们在一个成功率很低的环境中跌倒或失败，我们不应该断定，这是因为采用了错误的策略。我们应该欢迎任何反馈，并特别关注反复的失败提供的共性意见。同时，我们也应该承认，成功率越低，通往成功的道路就越不简单。在这样的环境下，失败已经是常态，因此不应该成为我们主要的关注点。同样，我们也要认识到，任何能够确保获得成功的具体而简单的策略也不可能存在。

其实，在这种情况下，被拒绝本身就应该是我们策略的一部分。这并不意味着，我们应该故意制造有缺陷的想法，以求他人拒绝。这意味着，我们应该做好计划，以各种方式敲开许多扇门，以增加我们在正确的时间、正确的地点、用正确的想法找到好运的机会。

遗憾的是，我们所处的环境和系统并不鼓励基于多次试验、错误和拒绝的策略。正如我们在第二章中所讨论的那样，我们所就读的学校和工作的机构，通常不会提供必要的时间和空间让我们进行这样的探索，而这些探索恰好是提升较低成功率的至关重要的方法。相反，每个人的成功定义和方法已经被标准化，而我们在前文中提供的爱好黑客、免修课程开发兴趣和管理人员参议院机制等方法，就是对抗标准化成功的有效策略。

承认获得成功率背后的现实，也能让我们给予其应有的信任。假设你正准备在某个领域启动一个重要的项目，例如，创建一个新公司。这时候一个顾问找到你，吹嘘自己已经帮助十个类似的项目取得了巨大的成功。他要求支付高额的咨询费用，并承诺一定帮助你取得同样的成就。你检查并证实了他的说法：他的确参与了那十个项目，那些项目也确实成为了成功案例的典范。

你或许会有点心动，并想要雇用这个顾问，但在此之前，你需要考虑一些重要的问题，例如：这些获得成功的项目，是否真的与你的项目相似？如果是的话，该顾问总共参加了多少个这样的项目？如果他在过去的十年里，接了两百个类似的项目，但只有十个获得了成功，那么成功率实际上只有5%。这样的细节，在判断一个顾问是否值得雇用或价值几何时，非常有用。

心理学家格尔德·吉仁泽（Gerd Gigerenzer）在《算计风险》（*Reckoning with Risk*）一书中警告我们，在考虑有关成功和失败的建议时，要特别小心有关相对风险的陈述，例如：做Y会增加你成功的机会！做Z会降低你失败的风险！这些说法可能是准确的，而且是基于可靠的数据，但如果不考虑潜在的成功率，它们就没有任何实际用处。

一开始做事的成功率是多少？如果很低，比如说1‰，那么一个将机会翻倍的策略，将获得2‰的成功率，这没什么值得庆祝的。如果成功率是4/10，我们真的可以考虑按照建议行事，因为将成功率翻倍的策略将使成功率达到80%。

当然，某个领域的成功率如何随着时间的推移而变化，也是至关重要的考虑因素。如果过去的成功率很高，可能曾经有一些特定的决定性因素，决定了其较高的成功率。但如果成功率随着时间的推移变得越来越低，可能意味着这些因素的重要性已经下降。例如，这些因素可能已经被其他决策者发现并广泛运用，使它们对市场新进入者而言，作为决定性因素的重要性变得越来越低。

成功与失败
决定成败的原因是什么

先制定成功和失败的操作定义，然后根据这些定义研究、揭示和跟踪成功率，将成为必不可少的基本步骤。然后，我们需要成为故事科学家，了解决定成败的关键差异是什么。

在博客文章《你没有那么聪明》中，记者兼作家大卫·麦克兰尼（David McRaney）讲述了关于二战中受损飞机的一则奇闻。每天，美国空军人员都要观察一架又一架的飞机，在被敌军火力攻击之后，布满弹孔地降落到机场上。地面上的美军工兵应该如何处理他们从这些观察中获得的信息呢?

一个看似显而易见的答案是，在将飞机送回战场之前，先修复受损部件。下一步的行动，可以是让生产飞机的工厂，知道哪些部件容易被子弹损伤，并要求他们在后续的生产过程中对这些部件进行更好的加固。根据经验，这似乎是正确的做法。

但是，先别急着下定论。避免子弹造成损伤，对军方来说，并不是最重要的目标。他们的最终目标，是防止飞机在战斗中坠落和坠毁。工兵们负责检修的飞机虽然都被击中了，但都安全返回，这就意味着，受损的部件并没有导致飞机的坠毁，因此这些弹孔并不像它们看起来的那么重要。

这一见解，也使得统计学家亚伯拉罕·瓦尔德（Abraham Wald）警告美国空军，修复和加固特定受损的飞机部件，实际上会适得其反。他认为，应该把眼光放远一点，不要只看那些成功返航的飞机，而要试图找出导致空军战机生死之差的因素。虽然坠落的飞机无法近距离观察，但他提议看看成功返航的飞机到底哪里没有被击中。

瓦尔德的理由是，如果飞机的某些部位被损伤，但仍然幸存下来，那些坠落的飞机一定是在其他地方受到了致命的损伤。因此，幸存的飞机中一些最干净、没有划痕的地方，一定是坠机的罪魁祸首，那些才是真正需要特别加固的地方。瓦尔德的方法，要求工兵们进行超越现有经验的分析，以揭示成功与失败之间的区别。难能可贵的是，当大多数失败的战机，在观察中失踪，在战斗中被击落时，他却能做到这一点。

然而，市面上流行的却是成功人士所做的事情清单，这也表明，我们通常不会寻找这种系统性的差异。我们倾向于从幸存者和他们现成的经验中学习——越是引人注目和明显的经验，就越好。相反，为了更好地理解决定成功或失败的因素，我们需要更多的举措，来发现我们的经验中所缺少的东西，以便我们能够认识和分析这种差异。

例如，失败者大会（Fail Con）、失败者庆典（Fail Festival）以及类似的活动，可以帮助我们做到这一点。在这些会议上，决策者上台讲述他们的失误。在通常情况下，这些失误会被成功经验隐藏起来，就像坠落的飞机一样。得益于这些失败经验的分享，观众对失败的数量与成功的数量（成功率）有了更好的了解。他们还能更多地了解到，决策过程中与错误相关的晦涩细节。这使他们能够更好地对比有效的过程和无效的过程，并确定成功和失败之间的关键差异。

关于经常被隐藏的经验，普林斯顿大学科学家约翰内斯·豪斯霍费尔（Johannes Haushofer）最近提出了另一种独特的看法。他有一个令人羡慕的履历：在世界著名的机构中担任教员、在著名的学术期刊上发表过文章、屡获奖项和奖学金，并且正在进行和即将进行一系列重大的项目。然而，他的耀眼简历几乎没有提供任何成功的线索，告诉其他的学者，要如何做才能取得类似的成就，这其中包含了哪些不为人知的细微差别、代价，或成功率。

现在，我们知道了更多，这要感谢豪斯霍费尔提供的“失败的简历”。在同为科学家的梅兰妮·斯特凡（Melanie Stefan）的建议下，他决定出版一份文件，列出并总结自己的不幸经历。读者很快就会了解到，多年来拒绝豪斯霍费尔和他的想法的各种机构、期刊和项目的清单，从而更好地了解他的成功率。我们还可以一窥他在特定时期产生了多少想法，以及这些想法是如何随着时间的推移而演变的。总的来说，研究常规简历和失败简历之间的区别，将有助于我们认识到有多少冰山信息被埋没在充满失败和拒绝的冰冷、黑暗的海面之下。

但我们要谨慎：在研究决定成败差异的因素时，也有一些隐藏的注意事项。

第一，这种方法不一定能保证理解因果关系的方向。成功确实可能与失败不同，然而这种差异可能不是成功背后的原因，而是成功的结果。在二战飞机的案例中，因果关系很清楚：弹孔导致坠毁。但在更复杂的事情上，比如商业和社会生活，行动和结果之间的关系可能更复杂，也更难解读。一个人可能只有在成功之后，才有能力采取特定的策略，但这些策略，可能被大众错误地解释为推动其成就的原因。

第二，请记住，当成功率很小的时候，随机性可能在结果中起到关键作用。如果研究的样本基数足够多，我们就会观察到各种各样的表现，然后我们事后诸葛亮，对其进行剖析、鸡蛋里挑骨头和“解释”。但这并不能保证这些差异可以被成功控制和管理，更无法保证这些差异真的是决定成败的关键。

第三，成功和失败之间的差异，可能会随着时间的推移而改变。不追踪这种演变，可能会导致误解。随着世界的变化，任何成功的秘诀，也不可避免地会发生变化，因此，大多数成功的建议必然会变得过时。因此，对成功与失败之间的差异的分析，需要定期检讨、重复和更新。

总而言之，从经验中学习成功和失败的经验，比看起来更细微、更复杂。如果我们不够谨慎对待准确度、因果关系、时间、选择、复杂性和代价等问题，必然会诱发我们评价中难以察觉的错误。一旦我们自以为吸取了教训，我们所获得的简单而诱人的故事可能是虚幻的，而不是真实的。在内心深处，我们可能都知道，生活中许多具有挑战性的问题没有神奇的解决办法，但经验却可能给出相反的暗示。我们可能会因此受到诱惑，盲目地坚持我们事先制定的计划，而不检查其有效性。一旦遭遇危机，我们的第一直觉很容易是重复习惯性的做法，而不是去质疑它。更好的做法，是迅速转变成为一个故事科学家，尽早测试想法的有效性，驳斥糟糕的预感。在《精益创业》（*The Lean Startup*）一书中，企业家埃里克·雷斯（Eric Ries）认为，企业，尤其是初创企业，应该采取科学的学习方法。经验会导致创业决策者过度膨胀，认为自己有能力预测哪些产品或服务会大获成功。但他们应该通过建立实验，来补充经验的教训，以获得对创业想法的快速反馈，并知道“哪些想法是天才的，哪些是疯狂的”。

这就是“棉花糖挑战”（Marshmallow Challenge）背后的哲学，由彼得·斯基尔曼（Peter Skillman）提出，并由汤姆·伍耶克（Tom Wujec）进一步推广，这两位都是设计思想家。这项挑战，要求挑战者将棉花糖放在一个由干意面、胶带和绳子制成的塔顶上。挑战的目的，是在有限的时间内搭建最高的建筑。

斯基尔曼和伍耶克都报告说，许多有能力的成年人在这项任务上的表现比幼儿园的孩子还差。就平均成绩而言，表现最差的是商学院的学生。原因是：他们不能快速有效地检验自己的想法。斯基尔曼曾观察到，“在这个挑战中，多次迭代几乎总是能打败持续坚守最初设计的做法”。孩子们倾向于立刻尝试他们的各种理论，但成年人却会先设计出一个精致而完美的计划，然后孜孜不倦地搭建，并等待把棉花糖放在顶端的最后一刻。伍耶克因此说，在很多情况下，他们所期待的“哇哦！”（完美）时刻，最后反而变成了令人失望的“呃哦！”（沮丧）时刻。

因此，这一见解提出了在任何特定领域追求成功的总体战略。一旦我们知道了成功和失败的操作定义，并对相关的成功率有了一定的了解，我们就可以决定，应该测试哪种成功的建议或策略，看看它是否能以可接受的成本带来显著的成果。我们也可以尝试在日常生活、想法、产品和服务中增加或减少潜在的相关功能，然后随着时间的推移检验这些策略的成效。

例如，在接下来的几周内，我们可以选择在起床后马上喝水、锻炼身体、无视他人，或者在生活的某个方面，采用其他特定的策略，看看这个策略带来的额外好处是否值得坚持。如果是，那是个好消息。如果不是，我们可以考虑换另一种方法，测试它的功效，并尽可能客观地追踪成败的差异。

本章小结

什么是缺失的？什么是不相关的？

当我们试图避免失败、追求成功时，我们通常会考虑四个来源的经验教训：别人的成功、自己的成功、别人的失败和自己的失败。如果只从其中任何一个来源学习，都会产生误导性的结果。

缺失了准确性、因果关系、时间、复杂性和代价、不相关的选择。只从成功或失败中学习，可能会使我们忽略，什么是正确的和什么是错误的之间的实际差异。

缺失了操作定义。如果我们没有在特定的环境中定义什么是成功或失败，我们就无法准确评估我们所经历的结果。更糟糕的是，如果我们让别人为我们下定义，获得的结果和付出的努力可能会令我们最终感到后悔。

缺失的成功率。如果成功的概率整体而言很小，那么就不可能存在一个确保一定获得成功的简单方法。因此，确定我们所选择的领域的平均成功率，是一个重要的操作步骤，能够帮助我们确定，任何具体的、可供学习的成功秘诀是否真的存在。

缺失的差异。我们下意识地逃避仔细的分析，或将正确的情况与错误的情况区分开来。但这种有违天性的分析方法，可以让我们更好地了解什么导致了成功和失败。但是，我们仍然应该谨慎对待有关因果关系、不确定性和时间带来的变化等问题。

缺失的测试。一旦我们形成了关于成败的一个具体的差异性理论，就可以对这一理论进行检验，这个操作至关重要。很多乍看之下合理的想法可能会导致失望的结果，而事先的实验则可以帮助我们避免这种失望。

在一个人人都渴望成功的当代社会，每个人都愿意相信万能解决方案——成功的秘诀——的存在，并希望可以通过应用这个秘诀轻松地获得想要的成功。只有在经验被不加批判地全盘接纳时，才产生所谓的“万能”成功秘诀。但很多时候，这些所谓的秘诀都被证明是虚幻的。幸运的是，虽然我们不可能找到万无一失的成功秘诀，但更科学的经验方法可以提供有效的洞察力，大大增加我们获得成功的可能性。

HAPPINESS FOILED

第六章

被阻断的幸福

当经验成为幸福人生的绊脚石时，我们要了解经验如何塑造幸福感，做出更满意的人生选择

想象一下，你此刻站在山峰之巅。

但在几周前，你对这个偏远的地方能够有什么优美景色并没有抱很大的期望，毕竟这个地方在最近几年才成为热门的滑雪胜地。最近几年，你对滑雪的热情开始逐渐消退，觉得滑雪旅行不仅昂贵，还漫长、寒冷、拥挤，而且非常容易受伤。但是，当朋友们热情地邀请你来这里滑雪时，你没能拒绝这些盛情的邀约。这些年来，你已经花了很多的时间和精力提升自己的滑雪技术，积累了不少滑雪经验，因此你也不想半途而废。此外，很多热爱滑雪的朋友、同事和熟人都来过这里。甚至你的老板，最近也在社交媒体上发布了这个地方的打卡照。而这一次的旅行，将是追赶潮流的一次良机。

于是你报名参加了此次滑雪之旅。在抵达后的第二天清晨，经历了一段疲惫而漫长的滑行之后，你爬上了山峰之巅，穿着好几层的厚

实衣服，站在危险的山脊旁边，呼吸着冰冷的空气，觉得你的脚从未像此刻这般难受。

但是，等等……总还是有一点好处吧。

当你环顾四周，不禁对眼前的景色感到惊叹：一望无际的天空，呈现出前所未见的明亮；远处悠闲飘过的巨大云朵，每一朵的轮廓都清晰可见；围绕在你周围的山脉和山谷，是如此的雄伟，让你感到既崇高又渺小；耳中唯一听到的声音，是风的高亢哨声。周围有好几个人，也在目睹同样的场景，且似乎都被大自然的奇观催眠了：有的人不知所措，有的人居然惊叹到默默流泪。你的膝盖开始发软，四肢开始颤抖，但不完全是因为寒冷，也出于对大自然的敬畏。你变得无法动弹，也无法清晰地思考，最后，你深深地叹了一口气。

就在那一刻，你感到真正的、发自内心的幸福。你突然相信，这次旅行，是一生中最美好的一次。如果你没有来到这个山顶，你就会错过一生中这一次的经历，错过这个伟大的奇迹。

更妙的是，天气预报显示，在接下来的几天，天气都会很好。所以，在接下来的一周里，你能够远离日常的烦扰，在一个白雪皑皑的天堂里尽情享受自己的生活。你向自己保证，要好好珍惜生活，只要心中有这个地方的存在，不管你身在何处，都会感到很开心。

多么完美，还能出什么问题呢？

事实证明，要兑现这个承诺并不容易。在接下来的每一天，这个地方给你带来的强烈快感都在逐渐消退。你重新徘徊在同一个山顶，许多次面对同样的迷人景色，但一段时间后，它已经无法令你感到惊叹或痴迷。同时，你的脚变得越来越痛，已经开始让你很难专注地享受美景。

最终，在旅程的最后一天，你再一次站上了同一个山顶，并准备最后一次向下滑行。你对自己在整个旅程中的表现相当满意，也跟朋友们度过了一段愉快的时光。在过去的一周里，你享受了美味的饭菜，晚上也睡得很香。你的身体明显感到了长达一周的剧烈运动带来的疲劳，但这也让你颇有成就感。

鉴于在过去的一周里，你已经反复练习并提升了自己的滑雪技术，你决定挑选一条难度更大，但距离更短的非滑雪道路线下山，寻求最后一轮刺激。在下山的路上，你的脑子里想的是如何安排回程，以及回去之后还有多少待办事项。

但是，等等，好像有些不对劲。

你撞到了一块巨大的冰块，并突然从滑道上飞了出去，一只滑雪板脱落了，而且速度快到失控。你试图降低速度，趴到了地上，但还是不受控制地朝着斜坡的另一侧飞速滑去。而本就已经非常疲惫的身体，更是让情况雪上加霜。你吓坏了，意识到自己根本无法停下来。最后，你从一个小悬崖上掉下来，飞向一块巨大的石头，旁边还有一个更大的树桩，树桩的边缘十分尖锐。你吓得紧紧地闭上眼睛，疯狂地尖叫求救。

“砰”的一声震耳欲聋的巨响，你落到了悬崖下的地面。

处于半昏迷状态的你，根本不知道到底过去了多久，但慢慢地，你发现自己逐渐恢复了意识。你试图评估自己的处境，但发现很难集中注意力。在听到你的尖叫声后，其他的滑雪者已经发现你遭遇了意外，并正在赶来帮忙的路上。他们大声地呼喊你：

“你还好吗？”

“你需要帮助吗？”

“你能听见我们说话吗？”

你能听到他们的声音，所以情况看起来不是很糟糕。你的手臂、背部和腿都很痛，但还能动弹。你已经完全陷进雪里，环顾四周，你发现自己幸运地躲过了石头和树桩，掉在了它们中间厚厚的积雪上。其他人帮助你找回了滑雪装备，你站起来慢慢地往山下走，虽然踉踉跄跄，但好在没有伤筋动骨，却无法自主行走。

但是别高兴得太早，厄运还没有结束呢。

回到房间之后，你发现钱包丢了，肯定是在摔倒的过程中，从没有拉上拉链的口袋里滑了出来。你身上所有的现金、信用卡和身份证都在钱包里。而且你不能回去找钱包，因为已经和朋友们约好在一小时内离开滑雪场。你很生气，因为这意味着你需要销卡、跟朋友们借钱。在回到家之后，为了补办丢失的证件和卡片，还要忍受一系列繁琐的流程。你痛苦地朝自己大吼大叫。此时此刻，回顾一下你过去一周的旅程，这还是一个美好的旅程吗？你会如何评价它？你会感到高兴吗？满意吗？还是心烦意乱？在很长一段时间之后，你会对这次旅程的哪些经历记忆犹新？哪些记忆可能会被忘干净？

事实上，这次山顶探险的故事是根据一次真实的经历改编的，我们将在本章的论述过程中不断回顾这个故事，以期对经验在幸福中发挥的作用提出不同的看法。但承认各种信息过滤器的存在，以及它们对经验的影响，将使我们能够从更广泛的角度评估我们的幸福感，无论我们个人的感受或倾向是什么。

随着时间推移，演变成适应和惯例的经验

时间会对我们关于经验的感受产生重大影响。

例如，适应性确保了过去经验的影响，会随着时间的推移而淡化，或因重复而失去影响力。这个过程，要求我们根据当前的处境调整个人情绪，这也确保了我们最终的幸福感不受我们所经历的具体事件的影响，无论好坏。

不幸的是，生活有时会充满可怕的经历，每天都有数千人因意外而英年早逝，留下震惊不已的亲人悲痛欲绝。许多人身患残疾或严重的疾病，或不得不面对暴力、战争、饥荒、痛苦的事故、长期失业、悲惨的工作环境或贫穷的挑战。

文明社会，似乎已经在预防和减轻许多此类问题方面取得了长足的进步。这固然是一个值得庆幸的消息，但这些令人痛苦的经历，在过去发生过，现在依然正在发生，并且在可预见的未来仍将持续存在。

幸运的是，人类有能力去适应负面的经验。在经历了某些负面的事件，并熬过最初的强烈冲击之后，我们往往能够逐渐恢复到一个相对平和的幸福状态。我们适应的速度和程度，既取决于所发生事件的

性质和强度，也取决于个人的性格和所处的环境。虽然我们不能保证在每一种情况下都能够适应，但时间的确能够帮我们抚平伤痕。

有些学者将适应性比作是循环往复的原地奔跑。当谈到幸福时，这就意味着，无论我们走到哪里，我们都有能力适应新的环境，并回到最初的幸福状态。

适应的背后，存在一个脱敏过程。持续暴露在有害的经验中，也会导致一定程度的熟悉感，从而减少这些有害经验对幸福的不利影响。举个例子，当我们闻到一股恶臭时，一开始可能难以忍受，但慢慢地就习惯了。过了一段时间之后，恶臭可能依然存在，和以前一样难闻，但我们的鼻子会很快脱敏，习惯这种臭味，并习以为常。同样的，寻找新工作，可能会令人感到沮丧和艰难，最初的几份申请递交或面试，可能会真的令我们感到额外紧张。然而，过了一段时间之后，求职者基本都能在一定程度上适应这种情况导致的焦虑。

适应的另一个基础过程是近因效应，即如果一次不好的经历发生在很久之前，那么较新的和较好的经历可以淡化它对我们当前情绪的影响。这就使人们可以避免永远被困在遥远的历史伤痛中，使我们能够继续生活、进步和学习。

所以，我们从经验中评估和学习的方式，可以帮助我们复原和振作，防止一次的不幸甚至长期的糟糕处境永远毁掉我们的生活。通过适应的过程，经验帮助我们变得更加快乐。

不幸的是，同样的过程在相反的方向上也能够同样发挥作用，甚至导致更加强烈的效果。

毕竟，生活中也充满了令人愉快的经历。每天都有数以千计的婴儿出生，这通常让他们的父母高兴不已。人们享受美味的饭菜、购买渴望已久的东西、结交新的朋友、与他们所爱的人共度时光、做爱、结婚、学习新的事物、到遥远的地方旅行、治疗疾病、互相帮助、提出新的想法并朝着人生的目标努力，等等。

当我们拥有这些经历时，我们会感到很幸福。但适应能力，同时也意味着它们的积极作用可能不会像我们希望的那样持久。

现在，让我们回顾在山峰之巅的体验，当我们第一次瞥见壮观的景色时，可能会感到欣喜若狂，但在几次类似的经历之后，最初的效果可能会大打折扣。我们也可能很快对过去令我们感到快乐的事物变得麻木不仁，并发现自己试图寻找更多的刺激，例如在最后一次下山时，选择更危险而不是更熟悉的路径。

同样，当我们在生活中获得更多的财富或更高的社会地位之后，时间同样会淡化我们最初的极度喜悦，使其变得平淡无奇，最终达到习以为常的程度。更糟糕的是，最初那种刺激的感觉会促使我们不知疲倦地追求更多的财富和更高的地位，而不是在如愿以偿之后，心满意足地欣赏已经拥有的东西。因此，没有哪座山峰能高到令人心满意足，也没有哪一条下山的路能够满足人们猎奇的兴趣。

更复杂的是，与积极的经历相比，消极的经历对我们最终的幸福感影响更大，即损失往往大于收获。因此，我们可能特别善于将自己的成就视为理所当然，但对自己的失败却始终耿耿于怀。

在工作中，我们可以为了一次升职而奋斗数月、数年，得到升职后就会喜出望外。然而多久之后，我们又会回到以前的状态，为下一次的升职而紧张？几个月？几个星期？

一方面，关于幸福的循环往复状态，限制了我们的自满情绪，对我们的持续发展和创新能力是健康的。它可以防止我们在领先的时候停下来，并促使我们不断进步。

另一方面，这种循环往复的机制，常常让我们高估了在拥有更多的财产、取得更多的成就，或者地位上升之后可能获得的幸福感。我们很容易发现自己陷入“他山之草更绿”的不满心态，但如果我们真的跳过了篱笆，看到了另一边更绿的青草，也会很快适应，并开始渴望更绿的田野。

总之，适应性对我们的幸福感有相当大的影响。积累更多的经验，的确可以帮助我们在一段时间内从悲伤中恢复过来，但在将我们从狂喜之巅拉下来方面，它的效用或许更加明显。

久而久之，更多的经验也会让我们形成惯例，即难以打破的习惯和风俗，不管它们对我们的幸福感的影响是好还是坏。惯例本身会触发进一步的经验，而这些经验又有助于巩固这些惯例，循环往复。这样一来，某些经验就成了我们生活的一部分，定义了我们的现状。

幸运的是，惯例有时可以让我们快乐。当我们获得关于某些事物的越来越多的经验时，就更有可能喜欢上这些事物。例如，听一首自己喜欢的类型的音乐，往往会有这样的效果：我们听得越多，就越是熟悉和满意。因此，一个人听一首歌，第15次比第2次更喜欢，这个过程也被称为“敏化过程”。

不幸的是，在不同的环境下，敏化也会起到降低幸福感的作用。例如，研究表明，噪音和通勤造成的负面情绪，会随着时间的推移而加剧。同样，与同事或家庭成员的紧张关系，可能会随着反复接触而爆发，而不是冷却下来。

当几个潜在的过程共同作用时，就会形成一个特别强大的不快乐陷阱。当我们最初的体验是积极的，但后来慢慢被冷漠所取代，最终被不满所取代时，不快乐陷阱就会出现。然而，由于我们在这之前积累的经验，它可能会成为一种约定俗成的东西，成为生活中难以改变的惯例，使我们无法变得更快乐。

例如，我们参加本章开头提到的滑雪之旅，或许不是因为真的想要去滑雪，而是因为我们在滑雪上的投资积累了太多的经验和知识，因为不愿意失去这项投资，我们最终可能决定追加更多的投资。不断地增加投资，进而加重了我们担心投资被浪费的未来前景，因此我们的恐惧和担忧进一步被加剧。沉没成本就是以这样的方式和逻辑发挥作用的。

这种现象，在某些类型的网络游戏中体现得尤为明显。如果人们中断游戏，他们前期辛辛苦苦获得的级别就会被抹去。其中一个著名的例子，就是开心农场（FarmVille）。玩家种植的虚拟水果和蔬菜需要定期收割，如果玩家忘了，这些产品就会死亡。游戏的黏着度，主要依靠玩家对这种损失创伤的厌恶感来实现。玩得越多，进步越大，一旦中断可能遭受的损失就越大，而失去这一切造成的创伤就越难以忍受。当然，这类游戏也提供付费的解决方案，玩家可以购买道具加速进阶，也可以在游戏中购买道具来避免损失。一段时间后，玩家们就越来越难以抗拒在游戏里花钱的诱惑。

经济学家们认为，我们过去所做的不可回收的投资，都应该被视为沉没成本，并视为与未来决策无关的因素。在开心农场的例子中，这些只存在于虚拟世界的蔬菜水果，只要我们愿意，弹指之间就可以直接退出，且不会感到懊悔。如果做不到这一点，我们只会进一步种下更多虚拟的植物，并让其左右我们的幸福感。

不幸的是，经验并不会按照这样的逻辑发挥作用。在我们获得经验时，基本上相当于给自己挖了一个洞，如果我们享受待在这个洞里的感觉，并随着洞挖得越深而感到越快乐，这当然是好事儿。但是，如果我们开始讨厌这个洞，那么我们越挖越深，我们的幸福感就越来越少，我们就会被这种经验困住。

人际关系和职业发展这两种长期持续的人生任务，就很容易受到此类影响。一开始，人际关系的累积或职业的发展都能够给我们带来积极的感受和良好的愿景，并应该使我们获得真正长期的快乐和满足。但如果缺乏精心的引导、策划和培养，人们可能会因为逐渐适应了最初的兴奋感而对当前的现状感到厌倦，但又会因为经验的积累而感到困顿。人们下意识的反应，可能是在人际关系或职业发展上投入更多的时间和精力，但这反而会进一步加剧困顿的感受。

在这种情况下，更多的经验只会让人陷入一种更加不快乐的状态。我们因为自己一条道走到黑的状态感到后悔，但又因为害怕失去已经走过的路径，而不敢切换道路，最终陷入纠结和两难的境地。

什么经验会被记住：
两个自我的冲突

与时间一样，记忆在我们对经验的感受中也发挥着重要的作用。不同的人，可能会以不同的方式体验和记忆同一件事情，从而产生不同程度的幸福感。在本书的开头，我们将经验定义为：包括我们与环境的即时互动（过程），以及最终被我们记住的经验教训（产出）。就幸福感而言，这两个维度需要区分考虑。在《思考，快与慢》（*Thinking, Fast and Slow*）中，丹尼尔·卡尼曼把前者称为“体验的自我”，把后者称为“记忆的自我”。

体验的自我，专门负责处理我们在每一个时刻的感受。它是我们在享受一段旋律、一口美食或山顶风景时的瞬间感受。

记忆的自我，负责调节着我们从无数个体验自我的瞬间获得的更广泛的感受，根据所发生的事情，记录和撰写一个故事，并以此决定我们从听一首歌、吃一顿饭或去旅行中获得的长期满足感。

最关键的是，在根据体验的自我真实经历的瞬间编写故事时，记忆的自我有很大的自由发挥权限。例如，在一次滑雪旅行结束时，丢失了一个钱包，如何影响我们对整个旅程的满意度？它能抵得过前期许多小时的快乐，与朋友们在同一次旅行中的谈话和美食带来的快乐吗？而在山顶上那快乐的巅峰时刻，又会如何影响到记忆中的经历呢？我们对旅行的某些方面的记忆，难免比其他方面更深刻和鲜活。

研究表明，我们特别倾向于压缩一个特定的事件序列，使开始、高潮和结束等部分记忆得到特殊的处理，这通常被称为峰终定律。在我们思考对整个经历的满意程度时，这些时刻的感受会被着重突出和强调。同时，关于其他时刻的记忆、持续的时间长度，在我们的考虑中也被打了折扣，这种倾向被称为“过程忽视”。

事实上，这也是我们的大脑在编写故事时遵循的基本过程。本章开头关于滑雪旅行的描述，主要集中在两个高峰时刻：一个是开始时的愉快时刻，一个是结束时的悲惨时刻。但是，考虑一下基于同一行程的另一种描述。如果我们以更尊重事件的实际持续过程的方式进行描述，本章的开篇内容或许就会大不相同。它也许会很奇怪或令人感到完全看不懂，例如：

为了这次滑雪旅程，你需要先乘坐飞机到达附近的城市。在机场，你在登机口排了17分钟才登上飞机。这还不算太糟。在排队的时候，你喝了一些水，还听到前面的两个人用外语聊天，你好奇地认真听了3分钟。

在登机过程中，你发现必须经过的登机桥非常冷，于是你一边穿上毛衣，一边慢慢朝飞机走去。现在感觉好多了。

上了飞机之后，你花了2分钟时间才走到自己的座位。放好随身的行李后，你坐了下来，开始阅读带上飞机的报纸。

你读的第一篇文章，是关于一项新发明的，花了4分钟才读完。你想知道这个创意的发展潜力，并意识到自己是多么迫不及待地希望这项技术成为主流，因为当这项技术真正得到普及后，你的生活会变得更轻松。

第二篇文章也花了4分钟读完。它是关于……的。（在你最终讲到自己在山顶上的感受之前，大约还有50页的类似细节。）

在生活中，当我们思考从某一事件中获得的满足感时，我们的记忆会从我们的经历中选择要考虑的内容。这种倾向，可以帮助我们保留经验的本质，确保冗长的、相对无意义的情节不会淹没我们对所发生的事情的最终评价。

因此，记忆的选择性，可以通过最大限度地减少分配给相对沉闷情节的心理空间来体现，比如在等待飞机起飞时随意阅读的一篇报纸文章。这有助于提升我们的幸福感，然而它也会削弱我们对那些不符合峰终定律的美好时刻的欣赏。比如在滑雪旅行这个故事中，几十个小时的高质量睡眠、与他人的愉快对话和欢乐的事例，都会被挤进“玩得很开心”这样一个笼统的标签中，而好的和坏的极端记忆，最终会抢了风头。

当然，除了这种共同的倾向外，还存在着个体差异。我们每个人，都会因为自己的性情、注意力、个性、过去的经验、心情、期望和目标所施加的过滤器，对同样的经历产生不同的记忆。同样的旅行、同样的事件顺序，会让一些人比其他人更快乐。只要记忆仍是主观的东西，这些个体间的差异就不可避免。

这也是为什么很多人忍不住要拍摄各种经历的照片或视频。我们试图尽可能客观地捕捉所有可能相关的瞬间；我们特别希望能够保留所有愉快的经验和壮观的峰值体验；我们希望记忆的自我能够永久记录那些决定人生满意度的事件；我们甚至可能根据自己认定为不朽的时刻来选择未来的经历。而我们也希望拥有与他人分享这些记忆的能力，让同样的记忆成为集体的记忆。

听起来合情合理。但说到幸福，适度才是关键。过分追求捕捉特定体验的每一个瞬间，可能会对体验的自我产生不利影响。那些时刻能提供的直接快乐，可能会因此而减少。我们也可能开始做一些事情，动机不是让它们使我们真正快乐，而是因为它们产生了我们可以轻松捕捉并与他人分享的时刻。

短短十几年前，我们还没办法这么做，因为捕捉瞬间的过程（例如通过摄影）相对缓慢且昂贵。在相机发明之前的很长一段时间里，人们几乎不可能有捕捉和留存瞬间的体验。而现代技术的发展让这一任务变得越来越轻松，我们只需手指轻点，就能够拍摄出无限量的高质量照片，以及无穷无尽的视频。这是一个令人难以抗拒的诱惑。但是，我们捕捉到的瞬间越多，就越没有时间和机会享受当下，或创造可能让我们在日后无限回味的美好瞬间。

简而言之，如何在体验的自我和记忆的自我之间找到一个良好的、适合个人的平衡点，已经成为一个棘手而重要的人生挑战。而认识到支配这两个自我的操作原则，可以帮助我们提高最终的满意度。

相对的经验：
当我们与他人攀比

将我们自己的体验与别人的体验进行比较，也将对我们的幸福感产生影响。

试着在网上搜索“失望的奖牌获得者”的图片。你会发现这些照片包含了一些世界上最好的运动员。他们在所有的照片中都显得不开心，因为未能在自己喜欢的项目中赢得金牌。一个著名的例子是体操运动员麦凯拉·马罗尼（McKayla Maroney），她在2012年伦敦奥运会上获颁银牌时的神色，被媒体广泛报道。

因为对这个现象充满兴趣，社会心理学家维多利亚·梅德韦克（Victoria Medvec）和她的同事们调查了获得奖牌的奥运会运动员所

表现出的幸福感水平。正如预期的那样，金牌获得者表现出最大的满意度。然而，令人惊讶的是，调查结果发现，铜牌获得者的平均幸福感，看起来比排名更好的银牌获得者更高。

梅德韦克及其同事得出结论，虽然银牌得主对自己的成就感到高兴，但他们不由自主地想到了自己差点赢得金牌的可能性。他们的幸福感，因此被未能取得的成绩所削弱。相反，铜牌获得者则会将自己与非奖牌获得者相比，因此可以发自内心地庆祝自己的成就。

我们对事件的反应，往往与奥运奖牌获得者类似。我们倾向于根据特定的参考点来判断自己的经历是好还是坏，比如之前的期望或他人的行为。因此，同样的经历，会因为一个人的比较基准不同而产生不同的效果。然而，这种相对的比较，使我们很容易受到外部力量创造的焦虑诱导计划的影响。

例如，企业通常设置等级化的职业发展路径，鼓励同事之间进行比较。在《奢侈病》（*Luxury Fever*）中，经济学家罗伯特·H. 弗兰克（Robert H. Frank）指出，以个人相对于他人的财产和地位的自我评价为基础衡量幸福感，只会导致无休止的“军备竞赛”，最终使人们无法满足，哪怕他们已经拥有丰富的财产。

在2000年电影《美国精神病人》（*American Psycho*）中，著名的会议场景就是对这种竞赛的极端描述，主人公帕特里克·贝特曼（Patrick Bateman）收到评判，即他的名片设计在质地、颜色和字体风格上逊色于同事，那时他感到了极度的羞愧。

社交媒体和网络平台也使得各种各样的参照物变得越来越容易获

得，因此在判断我们所经历的结果时，我们也更倾向于依赖它们作为判断标准。这些媒体和平台让我们可以展示自己的生活、了解他人的生活。我们的网络形象和历史，在我们的生活中变得越来越重要。得益于社交媒体和平台的普及，我们能够学习新的见解、接收关注的新闻、与他人分享自己的故事、建立联系，或开展其他有价值的活动。这种体验，有可能让我们变得更快乐。但这些平台很快就会变为恶劣的学习环境，不断向我们提供不可靠的基准和有偏见的反馈。

例如，假设在过去的一段时间里，我们的朋友自己去滑雪旅行。当他们在社交媒体上发布关于这次旅行的图片和故事时，他们可能并没有分享整个故事，包括这次旅行有多昂贵、多漫长、多寒冷、多拥挤、多易受伤。我们的老板可能在其社交媒体上发布了最愉快、最美丽的时刻，但却忽略了在旅行第三天其配偶的肩膀因一场怪异的事故而脱臼的时刻。

以这种选择性分享为特征的平台，必然导致我们对他人的经历产生偏见。而人们越是有选择性地定制自己发布的内容，学习环境就越恶劣。这种情况就像一部好莱坞电影，拍摄了很多个镜头，但只有最好的镜头才会最终呈现在荧幕上。为了提高观众的观影乐趣，甚至有某些镜头会被人为地强化和突出。

当这样的电影假装成真实的生活时，我们可能无法在心中进行理性的修正。最终导致的后果是，我们会觉得，相较于他人的精彩，自己的生活更无聊、更不充实，哪怕这只是脱离现实的错觉。我们用来判断自己幸福的参照物，也可能存在误导性。事实上，最近的研究表明，被动地消费他人的生活亮点，会对我们自己的生活认知产生负面影响。而且我们也可能会在事后感觉更糟，因为我们刚刚在网上花了几个小时的时间，却没干任何正经事情。

而如果我们就是那些更活跃的用户和内容的发布者时，会发生什么？当别人与我们的文章互动、点赞并与他人分享时，我们可能会感到高兴。但这种活跃的行为，也有黑暗的一面。

例如，一些用户最终可能会沉迷于不断地查阅自己发布的帖子和个人资料，以追踪他人对这些帖子的点赞、分享状态。他们也会得到实时通知，不断提醒其他人发布了帖子和资料。如果自己的帖子吸引了别人的大量参与，这会给发帖者带来幸福感，但这也会导致他们产生一种强迫症，让他们不得不继续保持关注，并追踪越来越多的内容。另外，缺乏他人的参与，则会让发帖者感到郁闷。

更为复杂的是，在流行的社交平台上，许多用户要么匿名，要么使用假名，所以导致喷子无处不在。无数人在网上发帖辱骂他人，有时甚至是威胁性的回应或骚扰。例如，皮尤研究中心2017年的一份调查报告显示，41%的美国人遭遇过在线骚扰，66%的人见过其他人被网暴。此外，在18%的案例中，还涉及“身体威胁、持续一段时间的骚扰、性骚扰或跟踪”等极端行为。

因此，我们的企业和网络社交体验，包括一系列妨碍个人幸福感的基准和元素。幸运的是，在意识到各种基于经验的因素——时间、记忆、攀比——会对我们的幸福感产生不利影响后，我们就能够考虑改善学习和满意度的方法。

体会不同的经验：
如何进行幸福感的投资

2017年，美国最高法院首席大法官小约翰·G. 罗伯茨（Jr. John G. Roberts），在儿子高中毕业典礼上发表演讲时，给听众提供了一些关于未来经历的令人难忘的建议。他特别鼓励学生们，及时从可能面临的某些不幸中吸取教训，以了解生活中重要事物的价值。例如，遇到厄运，应该让学生们认识到，成功和失败不一定都是注定的。同样，他们偶尔经历的不公平、背叛、孤独和痛苦，反过来也能帮助他们更好地理解正义、忠诚、友谊和同情。

一个看似符合逻辑的思路是，如果我们的经历只包括快乐的事件、成功和积极的情绪，那么我们将是最快乐的；而不快乐的事件、失败和消极的情绪，应该尽可能地被排除在个人体验之外。但是，正如首席大法官所建议的那样，我们实际上能从不同的经验中受益，无论好坏，并借此减少适应的不利影响，并帮助我们更好地欣赏现有的惯例。

让我们探讨这背后的逻辑。

第一，不管我们是谁，渴望一个不存在任何问题或挫折的人生，是相当不现实的。坏事一定会发生在我们每个人身上。为此，在《解药》（*The Antidote*）中，记者奥利弗·伯克曼（Oliver Burkeman）强调，不断追逐幸福会反过来让人感到不满足。如果人们期望比较容易地实现和维持幸福，只会遭遇无休止的失望。

第二，一些挫折可能造成的不幸福感，并不像我们预想的那么严重，尤其是从长期角度来看。心理学家丹尼尔·吉尔伯特（Daniel Gilbert）在《哈佛幸福课》（*Stumbling on Happiness*）一书中提出，我们有一个“心理免疫系统”，它通过达成“一种平衡，让我们感觉好到足以应付当前的处境，但坏到足以采取改变的行动”，帮助我们对抗不幸福的现状。因此，我们可能会认为，当我们遇到突如其来的负面事件时，我们会被深深地、永久地影响。但这种想象中的感觉，和我们在事后一段时间的实际感受之间，可能会存在很大的出入。

第三，一些让我们暂时不快乐的事件，其实从长远来看，会让我们更快乐。在《幸福的神话》（*The Myths of Happiness*）一书中，心理学家索尼娅·柳博米尔斯基（Sonja Lyubomirsky）解释说，一些逆境，其实是人们培养适应力、确定自己是谁、培养乐观主义的必要条件。因此，经历过愤怒、担忧和悲伤，可以使人们更好地管理可能产生这些情绪的未来经历。

简而言之，我们适当地经历一些变化（包括一些负面状况），给我们的长期幸福感会带来积极的影响。滑雪旅行中，在经历了山顶被浓雾掩盖的一天之后，我们也许会更明白山顶风景的价值。

相应地，保持幸福感、避免消极适应和沉闷惯例的一个方法，就是考虑把时间和精力投资在那些不会随着经验增多而迅速稀释的事情上。例如，考虑购买一辆昂贵的汽车（而不是一辆相对经济实惠的汽车）。从长远来看，这个决定会让人更快乐吗？

答案可能取决于具体的情况，比如一个人平时经历的交通状况，以及他对汽车的喜欢程度。但是，作为对幸福的投资，购车有几个弊端。第一,一个人可能很快就会习惯所拥有的特定车型。第二，拥有一辆漂亮的车，可能会刺激人们产生新的期望，例如因为与别人的车进行比较，所以很快就会渴望一辆更好的车。第三，驾驶一辆更昂贵的汽车，可能会使人担心汽车受到损害，因此，在汽车真的遭到损坏时，其伤心的程度会更严重。

而经验的作用则完全不同。经验成为一个人身份认同的一部分。我们可以自由地以自己喜欢的方式记住经验，而且不可能被别人挑战。在第二章中，我们讨论了将时间和空间用于帮助我们品味愉快和创造性经验的活动的重要性。尤其是在我们的日常生活中，创造一些获得心流的时间和体验，很可能会使我们在短期和长期内变得更加快乐。

事实上，汽车制造商的广告经常强调刺激作为产品的主要特征，这并非巧合。他们的广告，不会着重解释汽车的技术性能或其他具体的功能，而是试图创造一种人们在驾驶时可能体验或产生的情绪，例如在弯曲的山路上疾驰的兴奋感，俯瞰壮观的风景的成就感，等等。他们希望客户感觉到，在购买一辆新车时，他们购买的是一种体验，将为他们的生活增添一些健康的变化，而不仅仅是增加他们的财产。从长远来看，这是一种迎合人们的快乐心理逻辑的营销方式。

未经历的经验：幸而未得的好处

我们对世界的经验，在很大程度上依赖于可迅速获得和观察到的东西。一个人所看到的东西，很容易让人觉得这就是全部，哪怕实际上还存在比我们的眼睛看到的更多的东西。个人经验没有考虑到那些不容易获得的参照点和没有发生的可信事件，不考虑它们对我们幸福的影响。

举例来说，如果在滑雪之旅的最后一个下坡过程中，我们摔倒时，头撞到了巨石或尖尖的树桩上，而不是撞到了它们之间那堆松软的积雪上，那该怎么办？如果这种可怕的经历发生了，会给我们带来多大的痛苦？遗憾的是，因为避免了这样的不幸而产生的庆幸，可能是相当短暂的。有可能我们丢失钱包的痛苦，会胜过我们没有因事故而陷入昏迷的喜悦。

尽管我们倾向于因为错失的机会而后悔，并因此而感到不快乐，我们也能很快地将一些情况正常化，在这些情况下，我们将能够以某种方式，成功地避免经历那些会让我们不快乐的问题。我们也很容易被别人有选择地与我们分享的愉快经历所迷惑，并在攀比后感到沮丧。因此，我们往往会最终把自己视为“银牌得主”，永远渴望获得一些由自己定义的“金牌”，或者更糟糕的是，由他人定义的金牌。哪怕我们成为在领奖台上稳坐一席之地的“获奖者”，我们可能也不会适当地欣赏自己的胜利，不会因此而感到高兴。

1986年，在因癌症而与世长辞的几个月前，也是在广泛流行的在线社交网络出现的几年前，认知心理学家希勒·艾因霍恩（Hillel Einhorn）罕见地接受了一次采访。在采访中，他讲述了这样一个故事：某天晚上在一家中餐馆吃完饭后，他在一块幸运饼干[①]中发现了意外的智慧。他得到的建议是："想想那些你不想要，而且没拥有的东西。"一开始，艾因霍恩只是摇摇头，百思不得其解。但后来，他开始思考将幸福视为我们想要和拥有的事物之间的一种函数关系。

他意识到，这些东西可以分为四类。

第一类，是我们想要和拥有的东西。我们目前的大部分人际关系和财产都属于这一类，这些让我们感到快乐。

第二类，是我们不想要但拥有的东西。健康问题、多余的体重和经济困难都属于这一类，这些通常会让我们不快乐。

第三类，是我们想要但没有的东西。更多的钱或更好的工作，属于这一类。这些东西不会让我们快乐，尽管当我们实现它们并将它们转移到第一类时我们可能会变得快乐。

这三类事物，都是我们随时可以接触到的东西，在我们思考自己的幸福时，它们构成了我们大部分的参照点，并几乎构成了我们所有的经验。我们可以观察到它们，感受到它们的存在，清晰地思考它们，并轻松地与他人谈论它们。

然而，还有第四类，通常是我们的经验中所缺少的。那些我们不想要也没有的东西。这些包括一系列看似合理的健康、财务和社会问题，至少在此时此刻，我们幸运地没有遭遇这些问题。但事实上，我们生活的社会越发达，我们的家庭和周边社区越富裕，这个象限就

---

① 一种美式的亚洲风味饼干，并且里面有类似箴言或者文字信息的字条。——编者注

越大。

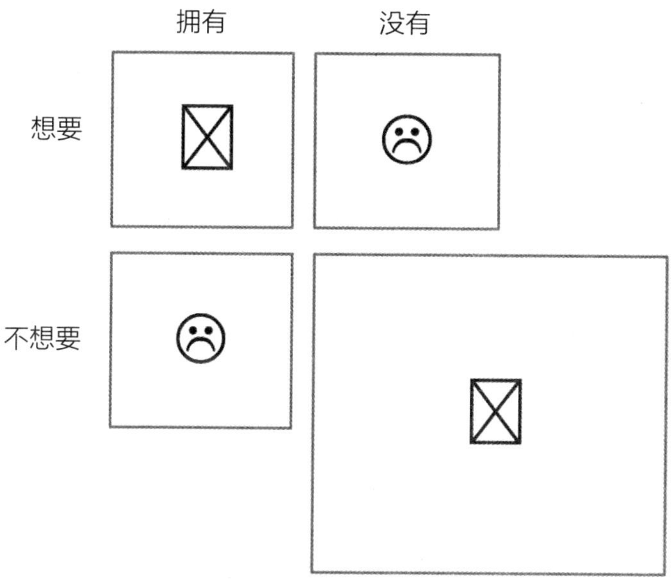

这些都是如果发生就会让我们不快乐的未发生事件。但因为我们没有经历它们，它们就不存在了。它们的不存在，通常也不会让我们更快乐，但在某种程度上，或许的确应该让我们感到更幸福。艾因霍恩认为，因此，我们实际上比经验所暗示的更快乐。

本章小结

什么是缺失的？什么是不相关的？

幸福感是非常个人化的，且不是个人能够完全控制的，但了解经验如何对幸福感产生影响，有各种好处。

滑雪之旅的轶事说明了经验如何影响我们的幸福。基于经验形成的惯例和比较，我们可能会做出明智或不明智的决定；我们可能会逐渐适应最初的快乐状态，并可能会冒着收获不快乐的风险，试图达到更新的高度。我们对一个情境的认知，可能会受到我们选定的记忆、他人选定的经验，以及我们无法充分考虑到的不合需要的未发生事件的影响。

缺失的适应性。人类具备适应环境的非凡能力。在经历了积极或消极的事件之后，幸福感的水平往往会恢复到事件发生之前的状态。在考虑通过改变或投资使自己在未来变得更幸福时，将可能发生的适应速度和数量纳入考虑的范围至关重要。

不相关的惯例。经验会形成难以打破的常规和习惯，产生不快乐的陷阱。因此，我们在进行成本效益分析时，主要的依据应该是我们预期的未来经验，而不是担心改变一个既定惯例所带来的损失。这将使我们能够更主动地挑战传统的体验，为幸福创造新的机会。

缺失的过程效应。在思考我们对过去事件的感受时，我们的记忆通常是由两端和峰值时刻驱动的，而过程效应往往会被忽略。因此，漫长的积极体验，可能不会像我们预期的那样提升我们的整体幸福感。

不相关的攀比。幸福感往往是相对的。一个积极的经验，如果没有达到自己的期望和参照点，就会产生消极的影响。另一方面，负面的结果，如果没有预期的那么糟糕，反而能带来积极的情绪。因此，在评价经验时，设定适当的参照物就显得至关重要。

缺失的变化性。我们通过获得财富而实现的幸福感，往往会因为适应性和惯例而受到影响。相比之下，不同的经历（好的和坏的）所引起的幸福感，可以产生更大、更长久的影响，部分原因是我们对如何记住这些幸福的经历有更多的控制权，也无需说服别人相信这些经历对我们的意义。

不相关的可获得性。我们的经验，在很大程度上取决于可供观察的东西，但那些不可得的东西可能对我们的幸福同样重要。例如，我们不想要也没有的东西，通常不会存在于我们的积极记忆中，尽管它们可能为我们提供了强大的幸福理由。这种反事实的思考，应该有助于减少比较经验和选择经验对认知的负面影响。它将告诉我们，从统计学上看，我们比自己想象的更幸福。

了解经验如何塑造我们的幸福——无论是好的还是坏的——有助于我们做出更满意的人生选择。

CONCLUSION

结语

经验教练的智慧

地球是平的吗?

它是在转动吗?

它在绕着太阳转吗?

它是在太空中旅行吗?

2018年的纪录片《曲率背后》(*Behind the Curve*),开头就采访了一个地平理论的支持者,并以他对这些问题的回答揭开纪录片的序幕。这个支持者表示,因为我们感觉不到,所以我们生活的地球不可能处于无垠宇宙中一个太阳系内,且地球、太阳系和宇宙不可能都在以极高的速度移动。而且,因为他能够看到距离他所在地点几公里远的建筑物,他驳斥了地球曲率的存在。“科学不过是把一堆看不懂的数学公式丢在我们脸上,”这个支持者说,“但我们表达的方式则是:顺便说一句,那是西雅图。”

这位支持者，根据自己的经验，判断地球的确是平的。

与动物界其他物种一样，人类具备通过观察和参与来获得信息和见解的非凡能力。通过反复的练习和实践，人类进化出各种各样的物理和概念技能，还能够对所目睹的一切进行反思，并借此对未来进行预测。

然而，没人可以保证一定能够从这个过程中获得可靠的知识，因此，经验永远是伟大的老师，实际上是一个神话。

如果生活就像是骑自行车或打网球，那么经验在很大程度上是可靠的。这两项运动，以及类似的活动，可能具备许多复杂性和某种程度的不确定性，尤其在竞赛的背景下。但整体而言，它们的学习环境是友善的，获得的反馈也是即时的、丰富的、准确的。即便犯错或有时行为表现不佳，但低代价和低风险的重复和试错也为人们提供了获得有效的见解和技能的频繁机会。此外，由于游戏规则不会突然发生巨大变化，因此而获得的经验教训的效用也是持久的。如果想要进一步提升学习的效果，专业的运动员会聘请教练，从外部角度客观地评判他们的技能，并提出建设性的改进意见。

不幸的是，生活中的许多情况，与骑自行车或打网球完全不同。在一个复杂多变的现实世界里，从经验中获得的教训可能并不像我们设想的那样可靠。许多学习环境可能是完全恶劣的，我们由此而产生的直觉，可能与现实情况大相径庭。这些经验教训，不仅无法准确地代表一个给定的情况，而且还会不断地提供令人信服的幻觉。加上现实世界的规则可能随时发生巨变，导致我们从经验中获得的直觉过时。

但由于经验的教训一直是个体的、自动的、快速的、鼓励的和持久的，我们依然很容易相信它们，并将它们视为做出判断和决策的主要依据。

否定或超越个人的经验可能十分困难，尤其是与我们基于经验的信念相悖的解释抽象且晦涩难懂的时候。有时，尽管存在具体的证据表明事实并非如此，人们依然倾向于坚持与实际情况背道而驰的个人看法。此外，更多的经验，通过催生具有不可动摇却又有误导性信念的思想领袖，使事情变得更糟糕。

在《范围》(*Range*) 一书中，作家兼记者大卫·爱泼斯坦 (David Epstein) 探讨了在这些情况下，“在经验之外思考”的好处。这种方法，辅以数学方法和技术进步，最终让科学家们对我们所生活并不断经历的地球的形状和运动有了更好的理解。然而，行家可能清楚地了解了真相，但无知的大众则可能难以同步掌握这些真相，他们不约而同的误解造成并强化了错误的认识。这就是为什么学会超越经验进行思考是一项至关重要的技能。

但超越经验进行思考，不仅仅是简单地判断对错，我们在生活中形成的许多品味和倾向，都是基于与环境的相互作用而形成的。人们的喜好有所不同，是因为他们接触过不同的经验。而我们后来学到的东西，可能取决于我们之前的信念、喜好和知识。我们的个人经历，对于我们是谁、我们想要什么，以及我们的行为方式，有着巨大的影响。

因此，具备批判性地审视经验的能力至关重要。但是，由于不同领域的学习环境千差万别，分析其经验教训的意义就成为一项棘手的任务。使事情变得更加复杂的是，在这些问题或其有效解决方案出现时，我们首先需要具备一定程度的经验（无论是友好的还是恶劣的）才能够发现和辨别。

幸运的是，与其他物种不同，人类不需要被动地接受经验。我们可以掌控、积极地塑造学习的经历。人类拥有的认知资源让我们可以超越经验，进一步丰富我们对周围世界的理解。通过认识到经验对思维的塑造形式，我们可以根据个人或集体的目标，适当地从经验中吸取教训，并抛掉既得的想法、重新学习、改进经验，甚至忽视经验的影响。我们还可以通过一些方法和机制的设计，使学习环境变得更友好，使经验变得更可靠。

在这个过程中，我们首先需要承认，经验往往是被系统性地过滤的。在我们没有意识到的情况下，经验可能同时存在细节的缺失和包含不相关信息等问题。有时候，这些过滤是无法人为控制的，例如，在一个给定的过程中，许多的失败经验根本没有公开，因此我们无法观察到这些经验，但成功者和幸存者的经验则往往很容易观察和获取。但有些信息的扭曲是由于我们收集、考虑和记忆信息的方式造成的，例如，我们可能会从有限的个人经验中得出过度简化的结论。

在需要就重大事件做出决策的情况下，提出关于经验的两个问题，就显得尤为重要，第一个问题是：什么是缺失的？第二个问题是：什么是不相关的？这两个问题的答案，可以帮助我们逐渐形成一个经验雷达，提醒我们将经验的教训作为信号，督促我们进一步反思和检验，而不是忙着下定论。

尽管这种方法的初衷是丰富个体从经验中获得的教训，但将其运用到决策中，将毫无疑问地非常具有挑战性。在这个时候，来自局外人的观点就很有价值。

从提供建设性意见的角度来说，“当局者迷、旁观者清”是一种常态。我们可以迅速而轻松地看出他人身上的问题，并提出解决问题的方法。然而，当同样的问题出现在我们身上时，我们可能难以发现、难以解决。不过，与职业运动员不同的是，我们大多数人没有一个专业的教练从旁观者的角度客观地观察我们，并针对我们的目标、认知、判断和重要决定，提供持续可靠的反馈。我们的父母、老师、朋友和合作伙伴，可能最终会自发地扮演这个教练的角色。但是，和大多数人一样，他们可能也会在不经意之间，遭受经验的各种错觉的误导。

因此，我们可否将经验设想为教练，让它来负责发现并警告我们，经验教训中存在哪些潜在的缺陷？如果的确存在这样一位经验教练，那么在提供关于从经验中学习的方式和由此产生的教训的反馈时，它会主要考虑哪些信号？

当经验带有欺骗性而不是提供可靠的知识优势时，一般会存在以下3个可观察的迹象，因此，寻找这些危险的信号能够帮助我们快速定位可能存在的学习问题。且这些问题，在被正确地诊断出来之后，也会相对容易解决。

可得性的偏见

人们倾向于根据经验的可得性，来评估事件的重要性和可能性。人们观察到某件事情的频率越高，这个事件在人们直觉中的地位就越突出。这种倾向在友好的学习环境中很有效。它为决策者在吸取教训和做出选择时，节省了大量的时间和精力。然而，在恶劣的学习环境下，经验中现成的东西往往是以偏概全的，在这种情况下，提出下面的问题，应该能够帮助我们发现缺失的东西。

- 经验是否主要基于结果？如果是这样，其经验中就缺少了过程，以及与过程相关的所有复杂的特征。
- 经验是否主要基于一系列被选择的结果？如果是，那么在它的经验中，可能缺少特定类型的结果（例如，成功或失败），以及这些缺失结果独有的特征。
- 经验是否主要基于个人观察？如果是这样，其中可能缺少反事实和他人的见解，以及对情况的更有代表性和创造性的看法。

简而言之，如果经验的教训主要是基于现成的、容易观察到的东西，那么经验教练就会发出一个危险的信号。超越现有的经验，才能获得针对特定环境的更好的感知。

不恰当的锚定参照点

在做出判断、预测和决定时，人们往往会锚定在特定的参照点上，然后根据参照点做出判断和决定。这种倾向，在友好的学习环境中能够取得很好的效果，这种比较和联想，能让人们对情况有更清晰的认识。但是，在恶劣的学习环境中，人们很容易将注意力和锚点定在一些不相关的细节上，甚至更糟糕的是，定在了违背自身最佳利益的参照点上。为此，提出下面的问题，应该能够帮助我们发现什么是不恰当的。

- 经验是否会导致一个简单的因果故事，并诱导我们以此为基础进行决策？学习环境越复杂、越不确定，这个故事就越不可靠。
- 经验是否涉及诱人的舒适、情感、选择和/或游戏？这些都会掩盖不道德的行为，或使人们偏离自身的个人目标。
- 经验是否会导致人们不知变通地专注于一个选定问题的子集？如果是这样，情况的变化会导致经验迅速过时。即使情况没有改变，在这个重点关注的领域之外，也可能存在着机遇和实现幸福的机会。

简而言之，经验教练会在特定的情况下，确定主要的参照锚点，然后在这些锚点与个人的偏好或最佳利益相抵触时，发出危险信号。超越这些不恰当的锚点，就能够改善个人的策略和决策。

有缺陷的信念

人们可以从经验中获得专业知识，使得我们不必刻意去思考许多细节也能做出判断和决策。这种倾向，在友好的学习环境中，效果很好。随着人们知识的增加和技能的提高，他们可以具备更大的信心和能力采取行动。然而，在险恶的学习环境中，更多的经验，可能导致不可靠的信念，阻碍了对经验教训的回顾、既有观点的清除、再学习和改进。

在这里，我们需要考虑两组问题。第一组是关于学习环境的问题：

- 经验在哪些方面被过滤和扭曲？
- 复杂性和不确定性的程度如何？
- 未来是否会重复过去？
- 与更正规的获取知识的方法相比，经验在一个人的学习和直觉中起了多大的作用？
- 可用的、缺失的或不相关的经验有哪些？

第二组问题是关于决策者的：

- 决策者对某些学到的经验教训的信念有多强？
- 这种信念，在多大程度上是由个人经验推动的？
- 这种信念，在多大程度上是自证预言的？
- 决策者的统计学素养如何？
- 决策者是否曾经检验过任何基于经验的信念？

简而言之，学习环境越恶劣，经验的教训就越不可靠，产生的信念也就越无效。经验教练，在注意到基于错误经验的信念时，会发出警示信号，然后试图通过提出上述两组问题，来使我们具备适当程度的质疑性。超越有缺陷的信念，能够使我们更好更快地适应环境。

经验的确可以成为可靠的老师、亲密的朋友和重要的盟友。它是信息的主要来源，它的教训帮助我们形成个人的喜好和看法，这就是为什么用批判的眼光看待经验和它所处的环境至关重要。在组织层面上，我们可以设想一个经验教练的存在，它将致力于发现不同领域的学习环境问题，然后据此设计更好的学习和决策机制。以局外人的眼光观察问题，会使我们更容易发现可能的症状，而不会被可能的欺骗所迷惑。在本书中，我们试图充当这种教练的角色，为我们发现和分析的问题提供尽可能多的解决方案。

在个人层面，我们每个人可能需要成为自己的经验教练。这可能会让人感觉相当不舒服。为此，我们希望通过这本书，提供必要的动力和手段，使大家都能从外部审视经验的教训，并为大家提供一些处理经验带来的负面影响的可行办法。

这样一来，我们经常面对的一些恶劣的学习环境，可能会因此而变得更友善一些。

致谢

ACKNOWLEDGMENTS

在西班牙东北角一个小村庄Avinyonet de Puigventós，有一间历史长达450年的乡间别墅，在这间别墅中静修时，罗宾萌生了撰写一本书来驳斥经验谬误的想法。在创作的过程中，我们每天早上起床之后，进行长时间的散步，晚上就舒舒服服地坐在壁炉旁，记录灵感，播下创意的种子。

我们俩的优势是，多年来积累了广泛的见识和经验。因此，我们知道这本书需要写什么内容。产生创意的过程，相对容易，然而落到纸上的过程，却非常艰难。幸运的是，在我们塑造、审查和重塑内容的过程中，我们得到了一群人的帮助。他们对我们的例子和论点进行了批评、验证、反驳，并最终进行了改进。他们中有决策科学领域的著名学者。在此，我们需要特别鸣谢伊琳娜·科朱哈伦科、哈利·戴维斯、琳达·金泽尔、里德·哈斯蒂、娜塔莉亚·卡雷莱亚、斯皮罗斯·马克里达基斯、约翰内斯·穆勒–特雷德和保罗·肖梅克提出的意见。我们还向许多具有不同背景和专业的读者和决策者征求意见和反馈。穆罕默德·U.索亚专业而富有激情地建议和指导我们度过难关。我们要感谢索耶·黑尔、伊佩克·阿赫塔尔、尼勒姆·卡尔萨、艾米丽·马修斯、桑德木·都若鲁、塞斯以·慕斯言、榛伊路·欧杜科、埃里·尤塞尔、欧图柯·奥兹曼、索纳·贝汉、博拉·格克博拉、梅根·福特、马哈茂特·戈克博拉、桑德·奥兹娜·贡博拉、瑟瓦兹·厄兹德米尔、祖贝伊尔·库尔特、安吉莉卡·米纳亚·阿克德兹和塞哈·伊斯门·瓯兹提出的真知灼见。

我们的经纪人简·戴斯特和她的团队，在整个过程中为我们提供了令人钦佩的支持。我们的编辑克莱夫·普里德尔和助理编辑阿努帕马·罗伊–乔杜里为我们的撰写提供了指导意见，巧妙地发现了我们的盲点，帮助我们突出了优势。他们还把我们介绍给了卡尔·韦伯，他的宝贵的、有价值的意见，使本书最终得以定稿，然后，得益于凯特·穆勒精湛的文字编辑技巧，本书最终得以付梓。

最后，我们非常感谢我们的家人。如果没有他们在情感上、智力上和身体上的支持，我们不可能完成本书的撰写。非常感谢你们的支持与关爱！